家风

最美的教育是传承

有爱有规矩，家教成败看家风，
培育新时代优良的家庭文化，
和孩子一起快乐成长！

小马车丛书编委会 编

中国地图出版社

北 京

图书在版编目（CIP）数据

家风 / 小马车丛书编委会编 . -- 北京 ：中国地图
出版社 ，2021.7

ISBN 978-7-5204-2219-2

Ⅰ . ①家… Ⅱ . ①小… Ⅲ . ①家庭道德－中国 Ⅳ .
① B823.1

中国版本图书馆 CIP 数据核字 (2021) 第 028629 号

JIAFENG

家风

出版发行	中国地图出版社	邮政编码	100054
社　　址	北京市西城区白纸坊西街 3 号	网　　址	www.sinomaps.com
电　　话	010-83494676 83543969	经　　销	新华书店
印　　刷	保定市铭泰达印刷有限公司	印　　张	13
成品规格	170 mm × 240 mm		
版　　次	2021 年 7 月第 1 版	印　　次	2021 年 7 月河北第 1 次印刷
定　　价	28.00 元		
书　　号	ISBN 978-7-5204-2219-2		

在 2014 年的时候，中央电视台做了一档节目——《家风是什么》。"家风"这个话题在当时引起了很大的社会反响，同时也引发了人们深浅不一的思考。如今很多家庭的教子观是一切围绕孩子，在这种社会氛围中，是否还存在着家风，而我们现在的家风又是什么呢？中华民族五千年传统的家风在现代家庭中还存在吗？

俗话说："国有国法，家有家规。"这里所指的家规也就是家庭传承中沿袭的一种规矩，久而久之便形成了我们所说的家风，小到一个家庭，大到一个家族的风气。每一个家庭培养出来的孩子，都会受这个家庭家风的影响。如果一个家庭有良好的家风，那么培养出来的孩子也会拥有良好的素质，而每一个孩子又是我们所生活的社会的一分子。因此，家风是否优良，关系到千家万户的幸福，也构成了社会和谐稳定发展的基础。如果一个家庭的家风倒了，这个家庭培养出的孩子从小就很难受到良好的家庭教育，对于孩子的人生观、价值观都会产生不好的影响，这样的孩子将来走到社会中也很难立足，甚至这些观念相同的人走到一起可能会走向犯罪的道路，这不仅对个人家庭，甚至对国家和社会的和谐都会构成不安定的威胁。

中华民族是拥有五千年文化的礼仪之邦，而家风也是五千年文化的传承之基。古代就有《颜氏家训》《朱子家训》《弟子规》这样优秀的典籍。关于树立家风、如何教子的故事也是不胜枚举，如岳母在岳飞后背刺上"精忠报国"四字，教育岳飞要效忠国家，尽职尽忠。岳飞没有忘记母亲的教导，用尽毕生精力对抗金兵，保家卫国。清代的曾国藩尽管公务繁忙，他也会时常给家中写信，批改子女的文章，关怀子女的生活。由此可以看出，家庭教育更重要的是教导子女如何做人，为他们建立简朴、勤奋、求学、务实等良好品质奠定基础。

如今，社会上有许多践行优良家风的例子。西安市的退休工人尹惠玲，三十年如一日地一直照顾着自己的婆婆，毫无怨言。在五十多岁的年纪，还经常看一些了解老年人心理和生活习惯的书，方便自己照顾婆婆。在她的悉心照料下，年过百岁的婆婆陈凤英老人身体依旧健康，五代同堂，阖家欢乐。山东有一个年轻人叫田世国，在得知自己的母亲身患尿毒症，需要换肾的情况下，毫不犹豫地把自己的一个肾脏移植给了母亲，而母亲直到手术结束都不知道这个愿意为她捐献肾脏的"大善人"就是自己的儿子。上海中山医院的医生也为之感动，说道："至今为止，我们这里做过上百例肾脏移植的手术，但都是父母移植给孩子，孩子移植给父母的，这是第一例。"

这样的事例还有很多。这些事例中的主角，正是通过自身的品性和德行，告诉人们这些高尚的风格依旧存在，只要我们能够坚持下去，家风就会代代沿袭，成为我们中华民族生生不息的力量之源。

目 录

第一章 **德字诀：家风之精，在于品德**

品德是中华民族之基，从古至今，看一个人的才能最注重的就是品德。古有招贤纳士，而判别一个人是否贤良，主要就是看他的德；现如今，学校教育提倡的也是德智体美劳全面发展，德被排在首位，企业招人也以德为先。可见，传承家风，理当以德为首。

第二章 **严字诀：没有规矩，不成方圆**

家风，往往决定一个人的为人处世与做事态度。家风的优劣，会显现其世界观、人生观和价值观；会左右其工作能力的正常发挥以及对人生道路的选择；会影响他的工作作风，乃至会影响到他的整个人生。

良好的家风，就该从小抓起。当孩子在犯一些错误的时候，作为家长绝不能以"孩子还小"为理由而放纵，一定要严肃教育，让他认识到自己的错误。

第三章 度字诀：过度保护，即是伤害

"养不教，父之过。"一个家庭的家风教育好坏，很大程度上要看父母是否能够认真教育子女。现在大多数家庭都是独生子女，父母和老人都会对孩子过度宠爱和保护，但这样不仅不会让孩子明白何为家风、何为中华民族的传统美德，还会让孩子养成自私、傲慢等不良的品性，等到将来走向社会，这些恶习会给孩子带来巨大的伤害。

第四章 磨字诀：没有风雨，何来彩虹

每个人都喜欢舒舒服服的顺境，不喜欢逆境。尤其是现在处在"蜜罐"中的孩子，不愿意经受一丝苦难，家长更是为孩子撑起了多重保护伞，生怕自己的宝贝遭遇逆境，受苦受累。

其实，让孩子面对磨难，经受挫折，在逆境中锻炼自己，才是中华民族一直传承下来的优良家风。对孩子来说，一味生活在顺境中不见得是件好事，这样的孩子经不起一丝的苦难挫折。逆境可以磨炼人的意志，增长人的才干。

第五章 放字诀：家风要紧，教导要松

当今很多家长帮孩子包办了一切，连基本的家务活儿都不让孩子做。孩子想帮大人分担一些家务，大人便会说："你只要好好学习就可以了，干什么家务活儿。"其实，家长要知道，最好的疼爱是放开手，家长犯懒就得"懒"出个水平，让好家风和孩子的好习惯在家长的"懒"中养成。

第六章 智字诀：理性做事，平和待人

好的家风能够培养出优秀的孩子，但如何让孩子继承好的家风呢？对待不同的孩子，父母应该做到理性引导、平和对待。当孩子有负面情绪时，要循序渐进地引导，使孩子能够摒除恶习，秉持优良的品性。

第七章 教字诀：家风传承，言传身教

优良的家风需要靠一代代人的传承，如果父母自身有诸多恶习，却希望自己的孩子能够有良好的修养和习性，这是不可能的。俗话说"上

行下效"，家长的言行举止都在潜移默化中影响着孩子。这意味着，欲要从严治家，必先修其自身。

第八章 宽字诀：人非圣贤，孰能无过

没有谁一生下来就是完美的。大人都会犯错，更何况是孩子。家长在教育孩子的时候，不要总觉得所有事孩子都应该知道，任何东西孩子都应该懂得。教育孩子最大的忌讳就是"急功近利"，家长要懂得给孩子犯错的机会，而当孩子犯错了，也应该只针对问题本身，绝不可以对孩子进行"侮辱"。正所谓，"人非圣贤，孰能无过"。

第九章 巧字诀：家风教育，与时俱进

孩子需要一个成长的过程，在这个过程中，不同年龄阶段的孩子会有不同的思维和行为方式，这就意味着，如果父母想要取得最佳的教育效果，就要针对孩子各个年龄段的特点，采取不同的教育方法。

培育优秀的孩子

第一章

德字诀：家风之精，在于品德

品德是中华民族之基，从古至今，看一个人的才能最注重的就是品德。古有招贤纳士，而判别一个人是否贤良，主要就是看他的德；现如今，学校教育提倡的也是德智体美劳全面发展，德被排在首位，企业招人也以德为先。可见，传承家风，理当以德为首。

善良是最美的品德

> 善良的行为有一种好处，就是使人的灵魂变得高尚了，并且使它可以做出更美好的行为。
>
> —— 卢梭

善良是中华民族的传统美德，也是优良的家风。善良对孩子的成长有着重要的影响。可以说，人若是不具备善良的品质，其人格是不健全的，将来也难有作为。当孩子做出善良的举动时，家长一定要及时表扬孩子。

善良是在孩子成长过程中不可缺失的一种宝贵品质，能让人内心时刻充满温暖和感恩，一个人要想身心都健康，首先要做到善良。因此，父母要从小培养孩子的善良品格。

夜幕降临，8岁的平平还没有回家，家长看孩子还不回来，真是心急如焚。快8点的时候，平平终于回来了。

"你到哪里去了，怎么这么晚才回来，不知道爸爸妈妈担心吗？"妈妈生气地说。

"我本来能早些回来，可是在过马路时遇到一位失明的老人，我扶她过马路……"

还没等平平说完，妈妈便生气地问道："扶老人过马路能走到天黑，你是在骗我吧！"

"你先听我说完嘛！我扶老人过马路的时候，听她说她和家人走散了，找不到回家的路。后来我得知她家住在铁路小区，便问她知道家里人的联系方式吗，她告诉我忘记了家里人的电话号码。最后没办法，我只能把老人送回家。"

妈妈对平平的话还是有些怀疑，于是问道："那老人为什么偏偏选择你这个小孩子帮忙呢？她怎么不找别人？"

"老人在此之前已经向好几个人寻求帮助，可是没有一个人愿意伸出援手。后来遇到我，我就坐公交车把她送回家了。"

就在平平向妈妈解释的时候，电话突然响了，爸爸接起电话，一会儿点头答应，一会儿哈哈大笑。放下电话后，平平爸爸高兴地对平平妈妈说："是那位老人的女儿打来的电话，她说谢谢平平的帮助，还说要登门道谢呢。"

妈妈这才意识到错怪了平平，于是赶紧向平平表达歉意，并夸奖平平善良的举动。

虽然孩子有时做出善良的举动带有违背父母意愿的性质，甚至孩子的善良举动换来的是别人的不理解和嘲笑，但是父母一定要对孩子的善良举动加以肯定和支持，并给予赞赏和表扬，这对孩子的成长起着至关重要的作用。

人之初，性本善。家长们一定要对孩子善良的行为做出积极的评价，给予孩子正面的评价后，无形中会把善良的行为强化；如果孩子的善良行为被家长误解，很可能孩子此后不会再做出善良的举动。因此，对孩子善良的行为给予表扬和肯定，是树立孩子正确的人生观和价值观的有效手段。

孩子身心的健康成长，和善良的品质有着千丝万缕的联系，在培养孩子善良品质的同时，父母也需要身体力行，帮助别人。

一个寒冷冬日的下午，正围坐在火炉前烤火的小白一家看到了路过的一对母子，小白发现这对母子衣衫单薄，已经冻得直打哆嗦，母子俩看到小白一家在烤火，于是询问是否能进来烤烤火。

6岁的小白很同情他们的境况，不等父母开口，急忙说："快进来！快进来！"母子俩看大人未表态，有些犹豫。

小白转过身看着父母，父母微笑着对那对母子说："你们都冻成这样了，赶紧进来烤烤火！"母子俩这才进屋烤火。小白赶紧起身把自己的座位让给了那对母子，随后又进里屋搬了一个凳子给他们坐。

这对母子就在火炉旁边向小白一家说了他们的经历：他们本是来此地投奔亲戚，可没曾想亲戚已经搬到别的地方住了，在打听清楚地址后，正好路过小白家门口，想烤火取暖之后再继续赶路。

母子俩烤了一会儿火，仍瑟瑟发抖。小白对妈妈说："妈妈，您能给他们倒两杯茶吗？喝完热茶，他们的身体肯定会暖和起来。"妈妈答应了小白的请求，一会儿工夫端来了两杯热茶。

看着他们喝完热茶，小白又赶紧跑回自己的房间拿来两件毛衣，准备送给他们，他又向爸爸妈妈说道："我可以把这两件毛衣送给他们吗？"深感意外的父母很高兴地同意了小白的请求。

这是一个多么善良的孩子啊！更值得一提的是，他有一对明智的父母！有时候，和孩子共同弘扬善举，是对孩子善良行为的最大支持与肯定。

对于如何培养孩子的善良之心，家长可以试着从以下几个方面做起：

第一，给孩子提供互助、友爱的家庭氛围。

家庭氛围对孩子的影响是巨大的，父母的言行举止对孩子的影响是潜移默化的，将这两者合理地结合有利于培养孩子善良的品质。大多数情况下，父母做出怎样的言行举止，久而久之孩子也会做出相同的言行举止。若想让孩子懂得善良的真谛，首先要为孩子营造出一个互帮互助的家庭氛围。

第二，对孩子善良的行为及时肯定。

年幼的孩子往往会做出比大人更多的善举。每当这时，家长一定要对孩子的这种行为给予肯定和鼓励，而不能因为孩子违背了父母的意愿而否定孩子的这种善举。否则，就会给孩子造成做好事是错误的感觉，如果否定了，孩子也可能因此而变得自私自利，这极大阻碍了孩子心理的健康发展。

第三，让孩子学会设身处地为别人着想。

只有设身处地站在别人的立场上去想问题，才会理解别人的言行，明白别人的感受，做出更多正确的选择。大多数孩子喜欢跟风，喜欢和别的孩子欺负弱小甚至是身有残疾的孩子。家长一定要制止这种行为，并教育孩子站在别人的角度想问题，让孩子体会到别人的感受，从而做出善良的举动。

专家谏言：

一个身心健康的孩子就好比一棵大树，善良是根基，正直是树干，情感是枝丫，有了这些善因才能结出善果。因此，家长对那些遇到困难的人伸出援助之手，用自己的善良感染孩子，才是培养孩子健康、善良和正直的最好方式。

百善孝为先

父母俱存，兄弟无故，一乐也。

——孟子

中华民族有两大基本家风传承行为准则，一个是忠，一个是孝。一直以来，中国人就把忠孝视为天性，甚至将其作为区别人与其他动物的重要标志。

"父母俱存，兄弟无故，一乐也。"这是孟子的原话，讲的就是孝道。孝，指的是事亲与守身。事亲方面，孟子举了舜与曾子的例子。

曾子是个有名的孝子，他的孝顺不只体现在物质上关心父亲，而且他对父亲还有一种恭敬心，并以此来侍奉父亲。这就是我们常说的"养志"。舜的家庭也很特别，舜的父母和弟弟多次加害于他，但舜却始终不记仇，舜五十而慕父母，对弟弟更是照顾有加。可见曾子和舜都是十分善良之人，这其实是由他们的本性决定的，这可以作为"性善论"的一个重要佐证。但是，"义在外"的现实同时存在着，所以在人的一生中，更多的是需要在相信"人性本善"的同时不断加强修养，即"修身"。修身就是让人领悟到"仰不愧于天，俯不怍于人"的坦荡胸怀。

在课堂上，老师给学生们看了一幅漫画，漫画的内容是一家人正围坐在餐桌前为年近六旬的姥姥举办生日宴会。餐桌上摆满了美味佳肴，大家也都吃得很热闹，唯独不见姥姥的身影。只见在厨房忙得满头大汗的姥姥被小外孙指着，大声叫道："姥姥，该您吹蜡烛了。"

很简单的一幅漫画，然而意味却无穷。虽说是为姥姥举办的生日宴会，实则是让老人无偿地为小辈们付出。看到这里，你也许禁不住要问："中华民族的传统美德孝道哪里去了？"

众所周知，中国人是十分讲究孝道的。古时候的"孝"又被称作"顺"，"孝"和"顺"永远是连在一起的，最后终于合二为一成了一个专有词。

在古人看来，父亲是一家之主，儿女必须听从父亲的教诲，不论对错都要服从，这也是孝的一种体现。

在现代社会中，"孝"的含义有了进一步的丰富和改变，从一味顺从，深化到了求大同存小异，而且不但要从物质上尽孝，更要从精神上尽孝，多关注老人的心灵需要。我们经常会发现这样一种情况：周末的时候，儿女们都聚到了老人家里，对老人嘘寒问暖，给老人带去一些保健品，陪老人聊聊天，孙子们也向老人汇报自己的学习成绩，或是用跳舞、唱歌等表演逗老人开心，这其实是新时代孝道的一种体现。

社会总是在不断地进步，孝的含义也变得丰富起来，从古时候的一味顺从发展到今天的从物质和精神方面的尽孝，这些都体现了中国人对"孝"的重视。

讲"孝道"是中国人最突出的美德之一，同时，"孝"更是一种美好的人格品质。试想，如果一个人连生他养他的父母都不去孝敬，那还能指望他做出什么对国家和人民有利的事情呢？

笔者曾经看过这样一则感人的故事：

儿子回乡办完父亲的丧事之后，要求母亲跟他一起住到城里去，可母亲却不肯离开清静的农村老家，说是过不惯城市里的生活。于是儿子没再勉强母亲，说好以后每月都给母亲寄300元生活费。因为村子太过偏僻，镇上的邮递员一个月才来一次，近年来，随着村里外出打工的人多了，邮递员每次出现在村子里的日子便成了留守人们共同的节日。邮递员每次一进村就会被一群中老年妇女团团围住，这些妇女们无非是想问问邮递员有没有自家的邮件或是书信，然后又三三两两地聚在一起分享自己和他人的喜悦。这天，这位母亲收到了一张汇款单，她脸上洋溢着难以掩饰的喜悦，逢人便说是自己儿子寄来的。就这样，这张3 600元的汇款单在人们手里传来传去，每个人都觉得这孩子很孝顺，大家很羡慕这位母亲。

几个月过去了，儿子收到了母亲的来信，信上只写着短短的几句，说他不应该把一年的生活费一次性给寄回来，明年寄钱一定得按月寄，一个月寄一次。很快一年就过去了，儿子由于工作太忙，回老家看望母亲的想法难以实现，本想按照母亲的嘱咐每个月寄给她一次生活费，可又怕自己太忙而误事，于是他到邮局后还是一次性给母亲寄去了 3 600 元。几天过后，儿子收到了一张母亲寄来的 3 300 元的汇款单。

儿子无法理解母亲为什么要把寄给她的钱寄回来，正在百思不得其解之际他收到了母亲的来信，母亲再次在信中叮嘱说，要寄就一个月一个月地寄，不然的话她一分也不要，反正自己的钱也够花的。儿子难以理解母亲的做法，但他还是按母亲的叮嘱做了。后来，他偶遇一位进城务工的老乡，他便向这位老乡打听起了母亲的近况。老乡告诉他："你母亲虽然是独自一人生活，但她生活得很快乐，尤其是每次邮递员来的时候，你母亲就像是过节一样。她每回收到你的汇款单都要高兴好几天呢。"

儿子听着听着，不觉已满脸泪水，他这时候才明白，母亲固执地要他每个月给她寄一次钱，就是为了一年能享受 12 次快乐。母亲的心其实根本不在钱上，而是全部在儿子身上。

其实，尽孝绝不仅仅在于形式，也不是说一定要给父母多少钱，空巢老人真正希望的是儿女们对他们多一点儿关心。

经典启蒙读物《弟子规》里这样写道："父母呼，应勿缓。父母命，行勿懒。父母教，须敬听。父母责，须顺承。冬则温，夏则清。晨则省，昏则定。出必告，反必面。"这些都是中国古代教育孩子的优良家风，说的都是子女的行为准则，也可以说是做子女应尽的责任和义务。唐代的法典里就规定人子有赡养老人的义务。我们不难发现，中华文明的重中之重就是"孝道"，其核心就是以亲子情为主的人际情感关系。而如今，这样的以孝为先的家风正在缺失，一切为了孩子的"家风"却在盛行。但想象一下，一个连孝顺老人都做不到的孩子，他的孩子又会继承怎样的家风呢？因此，百善孝为先的优良家风传统，应该继续传承和发展下去，只有让孩子明白了孝的真正内涵，才能让孝的良好家风永久传承。

专家谏言：

从古至今，"孝"一直是家风传承中必不可少的。虽然"孝"的含义有所变化，但这个字的内涵应该是一脉相承的。今天，"孝"文化正在发生着变革，面对这样的冲击，我们应该从自身做起，让"孝"文化永远传承，成为中华民族每个家庭最为宝贵的家风。

让尊老爱幼的优良品德代代传承

老吾老以及人之老，幼吾幼以及人之幼。

——孟子

尊老爱幼，一直是中华民族大力提倡并传承的文化传统，也是家风传承之首。早在两千多年前的春秋时期，孔子就曾在《论语》中说："弟子，入则孝，出则悌，谨而信，泛爱众，而亲仁。"就是说，做人首先要能够做到在家事亲以孝，出门要尊敬师长，做到长幼有序，多亲近有仁德之人，增强自己的道德观念，改善自己的道德行为。可见，孔子非常重视向学生灌输尊老爱幼的思想。另一位儒家大人物孟子也曾说过："老吾老以及人之老，幼吾幼以及人之幼。"其意思是说："尊敬自己的长辈，并要以同样的态度对待其他的长辈；爱护自己的孩子，并以同样的态度爱护他人的孩子。"尊老爱幼，包括家庭内和家庭外。在家庭内，指的是要赡养双亲，要照料父母的生活，关注他们的想法，在起居住行上照顾老人，尽人子之责。在家庭外，指尊敬年长之人，爱护年幼之人。

我国古代孝敬父母的例子举不胜举，孝子黄香的故事就被代代传颂。古时候，有个孩子叫作黄香，九岁丧母，母亲去世以后，他对父亲非常孝敬。每至夏夜临睡前，小黄香就坐在父亲的床上把蚊子驱走，挂上蚊帐，再用扇子把席子扇凉；而每到冬夜，他就先睡进父亲的被窝，用自己的体温为父亲暖好被窝，再请父亲睡下。

如今，我国的人口结构发生了很大的变化，老龄化速度迅速加快，老龄人口也飞速增多，家中的老年人在日常生活中也遇到不少问题。很多家庭都是只注重孩子，万事以孩子为核心，却忽略了对父母的关照；此外，有很多孩子也并不懂得孝顺自己的爷爷奶奶、姥姥姥爷，有时候还会嫌他们啰唆，这都是亟须改正的。父母要培养孩子尊老爱幼的良好习惯，可以从以下几个方面入手。

第一，父母要起到模范表率作用。

俗话说"上梁不正下梁歪"，父母要培养孩子尊老爱幼的良好习惯，就要先从自身做起，做一个敬老爱幼的领头人。孩子心理尚不健全，认识判断能力较弱，他们往往以父母的言行作为标杆，觉得父母做的就是对的，父母怎样做，他便怎样学。

阳阳和妈妈一起上街，恰巧碰到了妈妈的同事李叔叔。阳阳不仅不和李叔叔打招呼，还看都不看他一眼，面对李叔叔的热情，阳阳也是冷漠相待。回家之后，妈妈把阳阳叫到身边训斥道："阳阳，妈妈发现你对李叔叔特别没有礼貌。妈妈告诉过你多少次了，对人要有礼貌，你就是当耳边风！"

阳阳不仅没有听，反而顶嘴道："这事不能怪我，虽然你总叫我要学会尊老爱幼，可是，你从来就没有尊重过我奶奶！我都记得！"听到阳阳的一番话，妈妈的脸一下子就红到了脖子根。

要想让孩子尊老爱幼，家长就要先从自身做起，为孩子树立一个好榜样，让他在不知不觉中养成良好的习惯。

第二，及时纠正孩子的不良行为。

如今大部分的孩子是家庭生活的中心，他们爱冲动，情绪波动大，爱支使人，倘若不顺心，便会大发脾气，常常会做出对老人无理的举动，如对老人发脾气、摔东西、不理睬等。家长如若发现孩子身上存在类似问题，一定要进行严格管教，让孩子认识到自己的错误，如果对孩子的行为一味容忍或是一笑了之，只能让孩子的恶习日益膨胀，最终养成不良习惯。

张杨是家里的独生子，每次吃饭还不等饭菜上齐就狼吞虎咽地吃起来，吃完饭后，碗筷一扔，就去看电视了。爷爷奶奶久居乡下，这次进城来看孙子，看到这种情况，觉得这样惯下去不是办法，就说了张杨两句，谁知道张杨反唇相讥："这是我家，你们管不着，土老帽儿！"爷爷奶奶十分气愤，没想到张杨会这样对待他们，张杨的父母听到之后，赶紧向老人道歉，说自己平时疏于管教，并严厉地教训了张杨，让他向老人承认错误。从那以后，张杨的爸爸妈妈再也没有放松对张杨的教育，现在，他已经是一个懂事的好孩子了，深得爷爷奶奶的喜爱。

第三，让彼此的尊重和关怀深入到生活细节中，成为一种生活习惯。

家长要让孩子在生活中时时刻刻体现出关爱来，让关爱的气氛在家庭中日渐浓郁。比如，爸爸下班回来了，妈妈可以告诉孩子："爸爸累了一天了，宝贝是不是该给爸爸倒杯茶？"或是奶奶年纪大走路不方便，家长可以提醒孩子去搀扶下奶奶，并对其行为做出鼓励。久而久之，孩子就能够逐渐地养成尊老爱幼的品质，这对孩子今后的生活是非常有益的。因为每个人都生活在社会这个大团体中，谁也不能脱离他人而存在，不管在何时何地，都要学会关爱他人，这是一个人素质的体现，也会在无形中构成在他人头脑中的印象，这对孩子今后的事业和人生都会产生很大的影响。

不论社会发展到什么程度，尊老爱幼的传统是必须发扬下去的。尊老爱幼是整个人类社会进步的体现，是构建和谐社会的必要条件，同时也是一个人成长发展的必要条件。在日渐功利化、浮躁化的当代社会，更是如此。

专家谏言：

尊老爱幼一直是我国的传统美德，也是家风最重要的传承，但现在因为对孩子溺爱等各方面原因，大部分孩子都是以自我为中心的，很少能做到关爱他人。因此，要想引导孩子成为一个尊老爱幼的人，首先，家长必须做到言传身教，不能说一套做一套；其次，国学方面的书籍也会对孩子起到很好的引导作用，给孩子讲述古人孝道方面的故事，让孩子在潜移默化中养成尊老爱幼的习惯。

正面鼓励，使孩子的爱心得到延伸和强化

> 慈悲不是出于勉强，它是像甘霖一样从天上降下尘
> 世；它不但给幸福于受施的人，也同样给幸福于施与的
> 人。
>
> ——莎士比亚

　　现在的生活条件越来越好，孩子享受到的爱也越来越多了，可越来越多的孩子却变得狭隘、自私，没有爱心。所以在孩子成长的过程中，培养孩子的爱心是非常必要的。

　　赏识孩子的善举是培养孩子的爱心最为关键的一步，当孩子做出善良的举动时，一定要在第一时间给予支持和鼓励，通过这种正面的回应，让孩子的爱心行为延续和强化。

　　孩子的力量毕竟是有限的，因此孩子的爱心很多时候是需要大人帮助的。

　　一天，路路全家去春游，路路无意中在草地上发现一只受伤的小鸟。小鸟的翅膀上都是血，看样子是飞不起来了。路路于是向爸爸妈妈请求道："这只小鸟的翅膀受伤了，一直在流血，如果没人收留它，它就会死掉，我们把它带回家养伤好不好？"

　　妈妈看着这只受伤的小鸟对路路说："可以把它带回家养伤，但我和爸爸很忙，没有时间照顾它，所以，这个重任就交给你了，怎么样？"

　　路路听到妈妈这样说，十分高兴地回答："没问题，包在我身上。"

　　在路路的悉心照料下，小鸟没过多久就痊愈了，路路和爸爸妈妈一同将小鸟放归大自然。

　　父母在培养孩子爱心的过程中，必不可少的内容就包括和大自然、小动物的亲近。家长应该在这期间告诉孩子，动物是人类的好朋友，一定要

学会爱护动物，保护动物。家长还可以通过带孩子去郊游或是参观植物园的方式让孩子感受自然的美感，以此来培养孩子的爱心。

在培养孩子爱心的过程中，孩子是需要父母的支持和帮助的。如果家长对孩子的求援予以拒绝，会给孩子造成做好事是错误的感觉，从而导致孩子产生错误的观念。当家长帮助孩子完成一件善举之后，孩子自然会感受到这是家长对自己行为的肯定与支持，从而对做好事充满了信心与期待。因此，要想培养孩子的爱心，首先家长要具有爱心，用自己善良的言行去影响和支持孩子，这样才能让孩子的心灵变得善良、纯洁。当孩子做出爱心举动时，不管事先有没有征得父母的同意，家长也要给予支持和鼓励，而不是因为没有征得自己的同意而否定孩子。家长应该对孩子说："好孩子，你这样做是对的，不过下次在行动之前和我打声招呼好吗？"当孩子无力实现自己善意的行为时，家长应该对孩子说："没事，宝贝儿，还有我，我会帮助你一起完成！"

那么，在孩子成长的过程中，父母应如何培养孩子的爱心呢？

第一，家长要以身示教，做好孩子的楷模和榜样。

家长一定要给孩子灌输这样一种思想：尊敬别人，才会被别人尊敬；爱护别人，才会被别人爱护。身为家长，一定要以身作则，做出尊老爱幼的表率，用自己的行动来影响孩子，在这样的引导下孩子才会形成正确的价值观和人生观。

第二，给孩子可以实施爱心行动的机会。

每个孩子都有爱心，只是因为家长无形中剥夺了孩子表现自己爱心的机会，这种情况在中国尤其常见。

让孩子学会关爱他人是很重要的，比如，父母生日时，暗示孩子来表达对父母的爱。而当孩子付出行动后，父母应给予微笑和肯定，这无疑会让孩子感到愉悦，并会产生付出更多爱心的渴望。

第三，对孩子的爱心行为要及时表扬。

如果家长对孩子的爱心行为给予肯定和表扬，孩子会将这种行为发扬光大。所以，不管孩子做出的好事大小，对别人关心的程度多少，都要给予鼓励，激励他们今后做更多这样助人为乐的事情。

妈妈听老师反映孩子在学校主动照顾一个生病的同学，为此她以美味佳肴犒劳了孩子，并且在吃饭时对孩子的行为大加赞赏。

孩子的爸爸在饭后问妈妈："就那么点儿事，你至于这样做吗？"妈妈严肃地对孩子的爸爸说："这哪里是小事啊，这是在激励孩子今后把好事继续做下去，而且这样有助于培养孩子的爱心。长此以往，孩子就会成为一个真正善良的人。"要想让孩子将善良养成一种习惯，就一定要对孩子善良的行为多多表扬。

第四，培养孩子设身处地为他人着想、感受他人情感的能力。

比如当看到别人遇到困难时，家长一定要让孩子想象一下如果自己遇到那样的情况，心情会是怎么样的，理解了别人的痛苦和难处，孩子就会更好地为别人做出精神和物质层面上的帮助。

无论做什么，想要成功就离不开爱心。爱心是一个人人格中非常重要的素质，它是人性的基础。

爱心可以帮助孩子成长。所以，父母一定要有意识地培养孩子的爱心，让他们的爱心之举成为一种习惯，这样才能成为一个对社会有用的人。

专家谏言：

爱的力量是神奇的，只有具有爱心的人才拥有这种神奇的力量。有爱心的人在人生中不论遇到什么挫折和困难，都能挺过去，并且能战胜它们。

诚信乃孩子立身之本

言不信者行不果。

——墨子

良好的家风最重要的展现之一就是孩子要讲诚信。家长都希望自己的孩子能养成讲诚信的品格，但是，爱撒谎的孩子仍然很多，很多家长面对孩子的这种情况时表现得手足无措。其实孩子并不是天生就有这种坏习惯的，而是受后天环境影响所致。

文文对正在洗衣服的妈妈大声说："妈妈，咱们家水表坏了，不走针了！"

妈妈赶紧掐了文文一把，并小声叮嘱道："小点儿声，别让人听见了。"

这时，传来了"咚咚咚"的敲门声，文文开门一看，原来是查水表的工作人员来了。

"叔叔，我们家水表坏了，正要报修呢！"

"小孩子就会乱讲话！"妈妈边说边瞪了文文一眼，随后她打开水龙头，指着水表对查水表的工作人员说："您看这不是好好的嘛，一切正常。"

文文对此深感疑惑。

后来有一次，文文不小心把妈妈从国外带回来的茶杯打碎了。妈妈看到了，非常生气。文文因为害怕就撒谎说："这不是我干的，是小猫上了桌子碰掉的。"

还没等文文说完，妈妈一巴掌就打了过来："你还学会撒谎了，我让你撒谎！"

文文委屈极了，眼泪也流了下来。

文文妈妈要求孩子不要对自己撒谎，但是她却在孩子面前撒谎，甚至"教唆"孩子去欺骗别人。文文妈妈这样的行为对孩子的是非观产生了很大的影响，做人原则也随之改变，最终导致孩子养成了撒谎的习惯。

父母要知道，培养孩子养成良好的品格要比考出好成绩还重要。没有诚信，孩子在交际上会失去朋友，在社会上会失去发展的机会。

那么，父母应该如何培养孩子的诚信呢？

第一，父母要给孩子做诚信的好榜样。

父母是孩子的第一任老师。孩子身上的优点或缺点，与父母有着直接的关系。

小明刚上小学一年级时，有一天在上学的路上看见卖风筝的，便对妈妈提出买风筝的要求，并请求妈妈周末带自己去放风筝。妈妈因为着急上班，便随口敷衍小明说："只要你在学校好好学习，妈妈放学接你的时候就给你买风筝。"

放学的时候，小明看见妈妈空着手来接他，失望地对妈妈说："今天老师在课堂上表扬我了，妈妈你骗人，你没有给我买风筝！"妈妈不耐烦地回答："我现在没空和你说这事，等周末再说。"

在父母的眼中这只是一件小事，但是却对孩子的成长有着重要的作用。很多父母在教育孩子要诚信的同时自己却从不讲信用，父母的这种行为会给孩子起到一个负面的作用。用自己诚信的行为去影响孩子，才能培养孩子讲诚信的好习惯。所以，父母在日常生活中一定要注意自己的言行，答应别人的事情就一定要尽力办到，尤其是在孩子面前。父母若总是言而无信，孩子也就容易养成不讲诚信的坏习惯。

第二，要及时纠正孩子的说谎行为。

父母一定要坚决杜绝孩子撒谎的行为。孩子的是非观薄弱，很多时候不知道什么是对什么是错，所以，面对孩子的不诚信行为，父母一定要严肃对待，认真处理。父母要给孩子分析撒谎的弊端，引导其认识到错误的严重性，并明确表示不能再有下次。

王飞刚上二年级的时候，一次期中考试后，妈妈问："儿子，这次考试分数出来了吗？"因为成绩很糟糕，王飞不敢和妈妈说实话，只好说："还不知道成绩呢。"从王飞闪躲的目光中，妈妈感觉他可能在说谎。妈妈又对王飞说："即便没考好也没关系，但撒谎就不对了。"王飞仍坚持说不知道成绩。妈妈看王飞回答得这么坚定，也就没再多问。

可当王飞冲完澡，妈妈在帮他洗衣服时，发现他裤兜里放着这次期中考试的试卷，成绩只有 78 分。当时妈妈就忍不住了，叫来王飞质问他为什么要撒谎，并告诉王飞撒谎是错误的，不管是有心还是无心，只要犯了错就要勇于承认，接受教训。

第三，肯定孩子的诚信行为。

孩子表现出诚信的一面时，家长一定要在第一时间给予肯定和支持，让这种积极的行为得到延续和强化。

星期天，小洪的妈妈想带他去公园玩，可是小洪拒绝了。"你不是早就想让我带你去公园玩的吗？"妈妈为此感到十分意外，"今天我有时间带你去公园，你怎么又不去了？"尽管妈妈百般劝说，小洪还是坚持了自己的决定。

原来，小洪昨天已经和其他小朋友约好今天来家里玩。虽然他很想跟着妈妈去公园，但是他不能对小朋友爽约。

"我约了朋友，"小洪说，"我不能说话不算数。"听了小洪的解释，妈妈冲小洪竖起了大拇指。

对于孩子这样的行为，家长一定要予以表扬。积极回应有利于孩子诚信品格的强化，使诚信常伴孩子左右。

第四，让孩子的合理需求得到满足。

孩子撒谎的绝大多数原因是出于某种需求，这种需求有精神层面上的，也有物质层面上的，为了满足需求，孩子肯定会想办法，如果家长对孩子的合理需求忽略的话，孩子就很可能会以不讲诚信的方式满足自己的需求。

一次，飞飞为了得到一个漂亮的书包，对妈妈说："妈妈，你给我买个漂亮的书包吧，我们班上的同学每个人都有漂亮的书包，就只有我没有了！"而事实上，并不是每一个同学都有漂亮的书包，飞飞只是为了满足自己的虚荣心才这样说的。

这时家长应该分析孩子的需求合理与否，如果合理，应该尽量满足孩子的需求。这样，才能避免出现孩子的撒谎行为。

第五，当孩子诚实地承认错误时，应该给予孩子改正的机会。

诚实的孩子可能会在某些方面吃亏，甚至是上当受骗，但一定要让孩子将诚实坚持下去，因为撒谎会让孩子走上一条不归路。因此，当孩子犯错并承认自己的错误时，不应对其责备，而是要给予孩子鼓励，鼓励孩子有错就承认的行为，并引导孩子积极改正。

诚实是一个孩子应有的品质，也是父母在培养孩子的过程中不可忽视的一个重要部分，当孩子有诚实的表现时，不要因为其他原因而责怪孩子的诚实；当孩子主动承认自己的错误时，一定要给予孩子鼓励。

专家谏言：

家长应该明白一点，当着孩子的面撒谎，和教会孩子撒谎没什么区别。孩子若表现出诚实的一面，家长一定要在第一时间给予表扬，这样才有利于孩子养成良好的品质。

给孩子一颗勇敢的心

> 困难与折磨对于人来说，是一把打向坯料的锤，打掉的应是脆弱的铁屑，锻成的将是锋利的钢刀。
>
> ——契诃夫

安于现状是人的一种天性。如果从小不教育孩子养成勤劳勇敢的品格，那么到孩子长大后，就会自然而然地出现安于现状的严重后果。

很多人都不敢、不愿、不习惯做困难的事。行为学家做过一个小实验：他们任意发给学生一些不同的物品，然后每个人可以选择用价值相等的物品交换。最后他们发现，百分之九十的人没有做出交换选择。

行为学家通过实验发现，与那些不属于现状的东西相比，人们更愿意给予自己认为属于现状的东西更高的评价，这种选择上的差异被称作"现状偏见"。这就是大多数人为什么安于现状而不愿意做出改变的原因。

拥有这种思想的人，有了机会也不去追求，不喜欢挑战人生，做什么都会随随便便，一辈子也无法做什么有意义的事。

台湾著名作家王文华小时候与其他孩子没什么不同，从小学到中学，他从未当过学生干部，进入大学后，一次偶然的机会，他被选为学生议会的议员，后被提升为议长。正是这件看似平常的事让他有了不平常的感悟，他感到没把握的事其实也能做好，既然这样，何必要等。从此，他便不断挑战自我，不断超越人生极限。也正是从这开始，他对别人看来没把握的事特别感兴趣，并一发不可收拾。

他开始写小说，然后把小说改编成剧本，再组织自己的剧团上舞台演出。

他开始学西洋舞蹈，最终登上了百老汇的舞台。

他嘴里含着小石子对着大操场磨炼语速，只要有空就下意识地说绕口令，使自己在一个月内改掉了口吃的毛病。

他被斯坦福大学MBA专业录取，成为了斯坦福大学唯一一位来自台湾地区的学生。

在斯坦福期间，他有过华尔街见习操盘手的经历，也进过微软、戴尔和通用汽车公司工作，见识了这些大公司的企业文化，掌握了商业运作的整体流程。

MBA毕业后，他回到台湾创作小说，很快就成了台湾地区炙手可热的作家。

回顾自己的人生之路，王文华说："那些回报最少的事情，正是所谓十拿九稳的事情。人人都感觉简单容易的事情，其实是蕴含机会最少的事情。要做，捡那些没把握的事情尝试一下，反正大家都没把握。做，就有成功的可能；不做，只能坐等他人成功。"

确实，在生活和工作中，很多人喜欢也愿意做自己有把握和熟悉的事，因为那样得心应手，成功率也会增加一些，殊不知，机会和成功往往就是在这些所谓有把握的事中与你失之交臂。其实，有很多机会是在我们等待时机成熟时而溜走的。

王文华的经历就说明他是一个敢于突破自己现状的人，他敢尝试自己不擅长的领域，有了想法就付诸行动，这样的勇气是令人钦佩的。

在很多家长看来，他们认为孩子的想法极为幼稚，总是想做一些不可能完成的事情。此时，如果家长表现出对孩子想法有所怀疑的态度，无疑会制造一把无形的枷锁将孩子的想象思维束缚住，这对孩子的个性发展是极为不利的，久而久之，孩子就变成了一个没有开拓精神的人。

如果父母过分担心孩子失败，只会让孩子丧失独立锻炼自己的能力，那么，孩子就真会成为父母眼中"言听计从"的孩子，可是，当他们独自遇到问题时，没有独当一面的能力，谁又来帮助他们解决问题呢。当家长把孩子的路完全铺垫好后，孩子的依赖感就更加强烈，自己根本没有心思和勇气去独立解决问题了。

让孩子去尝试，允许孩子失败，这样，孩子反而会更轻松，也更容易获得成功。

专家谏言：

　　只要我们的孩子比别人多付出一点努力，他离成功就会近一些。其实，孩子如果是出于自己的喜好做一件事情，他们一定会尽百分之百的努力去把事情做好，这样也有利于孩子在勇气和耐力方面的培养。最后，就算是孩子没有做成功，失败也会让孩子从中受益匪浅，今后面对挫折时会更有勇气。

勤奋犹如春起之苗

> 勤学如春起之苗，不见其增，日有所长。辍学如磨
> 刀之石，不见其损，日有所亏。
>
> ——陶渊明

中华民族是一个勤劳、善于学习的民族，"耕读传家"曾经就是中国历史上最理想的、具有最高道德品质的家庭生活方式，几乎成了封建社会大门大户的家教门风。这个影响了中国上千年的传统，依然焕发着无穷的魅力。从居家生活，到子孙培养，中国人仍然非常看重勤劳和学习；无论是古代还是现代，凡是有成就的人或家庭，无不依靠勤劳和学习。

常言道："一分耕耘，一分收获。"只有付出努力才有可能换来回报，天上没有掉馅饼的好事。无论是什么人，想做成一件事情都要依靠勤奋。勤奋是一个人获得成功的重要品质，是一个人实现自我理想的基石。

勤奋属于与时间赛跑的人，属于脚踏实地的人，属于坚持不懈、永不放弃的人，属于钻研探索、勇于创新的人。因为勤奋，安徒生创作了感动世界的童话故事；因为勤奋，爱迪生拥有一千多项发明专利；因为勤奋，震惊世界的相对论才从爱因斯坦的脑袋中应时而生；因为勤奋，才有了"凿壁偷光""隔篱偷学""囊萤映雪"的千古美谈。

一次，一位记者采访诺贝尔物理学奖得主丁肇中教授。

记者问道："美国大学本科要读 4 年，获取博士学位得用五到六年的时间，但是，您只用了五年的时间就取得了博士学位，是吗？"

丁肇中回答："在那样的困境中读书，就得用功。"

记者又问："那您获得诺贝尔奖的秘诀是什么？"

丁肇中说："秘诀只有三个字：勤、智、趣。"

这里的"勤"就是指勤奋。在丁肇中的人生里，成功的第一个要素

就是勤奋。从小，丁肇中学习就很用功。读大学后，无论在哪里，他都严格要求自己，勤奋读书。丁肇中终日与勤奋"为伍"，那么成功也愿意"接近"他。

事实上，获得巨大成功的人通常并不是才华横溢的天才人物，而是那些资质平凡却又异常努力、埋头苦干的人。伟大的成就通常是这些平凡的人经过自己的刻苦勤奋获得的。尽管有些人天赋过人，可是他们没有毅力和恒心，没有决心和勇气，他们的才能、灵感只会转瞬即逝。而那些意志坚强、持之以恒的人，尽管智力平平，依然勇于开拓，忘我努力，不断积累，不断进步，获得成功。要知道，任何进步都不是轻而易举就能得来的，任何成功都要付出超于常人数倍的努力。"千里之行，始于足下。"没有播种就没有收获，生活会用丰厚的果实回报那些用心播种的人。

天道酬勤，成功总是眷顾那些勤勤恳恳的人。世界首富比尔·盖茨被问得最多的问题就是："你成功的原因是什么？"比尔·盖茨的回答非常简短："勤奋，我对自己要求很苛刻。"人们常常嫉妒别人拿着高薪水，做着好工作，他们只会抱怨是自己的运气太差。但是，当你抱怨时，是否想过自己的努力够不够？付出才有回报！胜任的人、富有的人从来不会抱怨，他们总是抓紧时间，付出超人的努力，把握住稍纵即逝的机会。对于任何人来说，成功都是不普通的，然而成就一番事业，需要的是最普通的品质，如意志力、专注力、忍耐力等，这些品质单看上去，很不起眼，可是集合在一起，就会发挥强大的作用，不可小觑。

美国恐怖小说大师斯蒂芬·埃德温·金是一个非常勤奋的人。每天，太阳还没升起的时候，他就起床开始工作。刚开始创作的那段时间，斯蒂芬·埃德温·金穷困潦倒，有时，他连电话费都交不起，电话公司因此掐断了他的电话线。

但是，无论日子再苦再难，他每天依然坚持写作，一年几乎不休息，除了自己的生日、圣诞节和美国的独立日，其余的时间，他都伏案创作。斯蒂芬·埃德温·金区别于别的作家的一点是，别的作家在没有灵感时不会强迫自己写作，他们会去做一些别的事情。但斯蒂芬·埃德温·金即使在没有灵感时，依然坚持每天写5 000字。这是他的老师告诉他的一个秘密。

他一直坚持这么做。这条经验使得他终身受益。斯蒂芬·埃德温·金说过自己从没有过没有灵感的恐慌，他的秘诀就是勤奋，灵感源于勤奋，成功之门总是向那些格外勤奋的人敞开。

　　勤奋可以培养独立的精神，锻炼坚韧不拔的品格。勤劳是一笔财富，所有想获得成就的人都要追求它，靠着它赢得尊重、地位和权力。具备了勤奋品质的人，会自强不息，顽强奋斗，这意味着他能够取得的成就必然比别人要多。

　　任何一个人，都不能满足于获得的成绩，自以为了不起。我们需要时刻进行自我反省：我们付出的努力够吗，不够就继续努力。真的达到目标了吗？即使我们实现了目标，我们做得足够完美吗？我们需要鞭策自己：不断努力，不断改进！事实上，很多事情当我们以为"只能这样"时，它却还可以改进，还有上升的空间。只是我们没有去思考、去努力。要使自己不断进步，就需用勤奋做保障。每天对着镜子说几句："我今天够努力吗？"只有像蜜蜂一样努力，才会酿出甜美的蜜来。

　　成就事业不可不勤奋。勤奋是人类前进的第一动力。近年来不断有新闻报道一些出身贫困的农村孩子，高考时取得优异成绩，被著名大学录取的事情。这些孩子不见得就比城里的孩子聪明，他们的生活条件、学习条件及教学质量，较之城里的学生会差一些，他们唯一能够超过城里孩子的就是刻苦、努力、勤奋地学习。最终他们考上了大学，实现了自己的梦想，这充分显示出了勤奋的作用。

　　然而，在我们身边，绝大部分家庭都是独生子女，孩子在家庭中的地位很高，一个个都是"小皇帝""小公主"。有不少父母对孩子溺爱、迁就，造成孩子目中无人、唯我独尊的心理，形成了自私、任性、依赖和懒惰的性格。但是这些坏的行为、性格不是孩子生来就有的，而是在父母错误的教育和溺爱中形成的。孩子的教育需要科学的方法，父母要纠正孩子身上的不良习惯，必须注意培养孩子的勤奋品质。

　　我们知道，知识的获得需要探索钻研、反复练习、专心致志。而学习的过程需要坚持不懈、勤奋努力，这些优秀的品质不仅影响孩子的成长，还会让孩子一生受益。因此，父母一定要注意锤炼孩子勤奋的品质。

培养孩子的勤奋美德，主要从以下几点着手：

第一，培养孩子勤奋的习惯。

成功取决于一个人在奋斗的过程中付出了多少努力，有没有毅力和决心坚持完成。孩子的身心没有发育成熟，意志和性格并不完善。为了培养孩子勤奋的习惯，家长一定要用合理的方式引导。培养孩子在学习方面的兴趣和耐心，扩大孩子的知识面，注意适时教育，适量学习，不要过度苛求孩子。孩子毕竟是孩子，一旦超过孩子所能承受的范围，往往会适得其反。此外，父母的态度一定要平和，怀有平常心，不要急于求成。

第二，肯定孩子的积极行为。

任何人都需要欣赏和赞美。父母肯定孩子的勤奋行为，夸奖孩子的进步，孩子就会更加努力地学习。因此，父母要在适当的时机，承认孩子的努力、耐心和勤奋。通过语言表达、身体接触，向孩子传达"我喜欢你的努力"这一信息。对孩子的言行进行公正的评价。可以把孩子完成的任务和做好的工作记录下来，关注孩子勤奋的程度，鼓励孩子不断进步，完成一个个目标。

第三，培养孩子热爱劳动。

勤奋不仅仅体现在学习上，还有劳动。一旦孩子长大成人，进入社会，他的勤奋就表现在工作中。作为父母，要有意识地通过劳动来培养孩子勤奋的习惯。家庭成员，一律平等。孩子是家庭中的一员，与其他成员一样，既可以享受一定的权利，也应该履行一定的义务，因此家长应该教会孩子做一些力所能及的家务，教会他们照顾自己，关心他人，培养他们独立生活的能力。同时，还要规定合理的作息时间，让孩子的生活有一定的规律。

第四，确定目标激励孩子勤奋。

俗话说："有志者事竟成。"任何一个人，只有确定了目标，才能够有奋斗的方向，激励自己向着目标不断努力。家长一定要注重孩子潜力的发掘，引导孩子清楚自己的目标，帮助孩子朝着目标而不断努力。

一位哲人说过，世界上能登上金字塔塔顶的生物有两种：一种是鹰，一种是蜗牛。不管是有着飞行天赋的鹰，还是行动缓慢的蜗牛，大家爬上顶点的秘诀都离不开勤奋。没有勤奋，即使振臂有力的雄鹰也只能望塔兴叹。蜗牛可以通过勤奋爬上最高处，傲视万物。

　　任何人都不要过分依赖自己的天赋。如果你天赋异禀，勤奋就能将它发扬光大；如果你资质平庸，勤奋会帮助你弥补不足；如果你有着明确的目标，恰当的方法，勤奋会让你硕果累累。反之，将一无所获。

专家谏言：

　　勤奋不是人天生就具有的品质，它是后天培养出来的，有的来自决心和信念，也有的来自失败和挫折。勤奋能帮助你战胜一时的失败和挫折，在梦想的起跑线上奋起直追，坚持到终点。只要勤奋努力，成功必然来临。

第二章

严字诀：没有规矩，不成方圆

家风，往往决定一个人的为人处世与做事态度。家风的优劣，会显现其世界观、人生观和价值观；会左右其工作能力的正常发挥以及对人生道路的选择；会影响他的工作作风，乃至会影响到他的整个人生。

良好的家风，就该从小抓起。当孩子在犯一些错误的时候，作为家长绝不能以"孩子还小"为理由而放纵，一定要严肃教育，让他认识到自己的错误。

家风，从孩子的卫生抓起

> 一室之不治，何以天下家国为？
>
> ——刘蓉

家风是一个家庭的传统风尚，也称门风。家风的优劣和这个家庭是否有家规、有着怎样的家规有一定关系。如果一个家庭有着好的家规、家风，那么，这个家庭的孩子将不会差到哪里去。即便将来不会成为知名的成功人士，也会是人人都敬佩的正直的好人。而如果这种好的家风能够不断通过优秀的孩子带入到社会中，那整个社会也将进入良性的循环，形成良好的社会风气。

我们想培养好的家风，就要从最基础的做起，比如孩子的卫生情况。一个孩子卫生情况好不好，不仅关系着仪容和精神面貌，同样也关系着身体状况。因为身体是革命的本钱，没有好的身体，一切都是空谈。

孩子健康成长的前提是在培养他们良好的卫生习惯。卫生习惯养成的过程，离不开父母的引导与监督。只要父母用心关注，完全可以让孩子达到"习惯成自然"的境界。

培养良好的卫生习惯对孩子而言很重要，孩子如果缺乏卫生知识，没有良好的卫生习惯，就很难有一个健康的身体，更谈不上能适应现代化快节奏的学习、生活和劳动。很多孩子没有在平时的生活中养成良好的卫生习惯。如有的孩子蓬头垢面，衣服总是脏兮兮的，整个人看起来显得无精打采。因此，父母要根据孩子的特点，采取正确措施，纠正孩子不讲卫生的习惯。

第一，要让孩子明白，干净整洁的仪表和讲卫生的习惯体现在生活中的小事上，这也可以体现出一个人的精神面貌。

父母都希望孩子能够幸福快乐地生活，已为人父的美国前总统奥巴马，对于孩子的健康问题更是不敢马虎。

美国前总统奥巴马有条家规：房间的内务之一铺床，不单单只是铺了，一定还要达到整洁的程度。奥巴马认为，孩子的大事就是如何做好一天的开头。对孩子整理床铺的高标准，是对孩子养成良好卫生习惯的一种教育方式。

一日之计在于晨，良好的开始会让孩子度过舒心的一天。整洁的卧室和床铺会让孩子对新的一天有更美好的憧憬。

铺床看似是个小事，但其有助于孩子养成良好的生活习惯和认真的态度。奥巴马指出，父母应当注重如何为孩子创造良好一天的开端。要求孩子早上起来后铺床，是为了培养孩子良好的卫生习惯。良好的卫生习惯不仅有利于身体健康，更会影响一个人的精神面貌，甚至影响人际关系的发展。

讲卫生的孩子对生活往往抱有乐观积极的态度。父母应该让孩子从生活中的小事做起，在生活的点滴之中提高卫生意识，从而为今后的发展打下良好的基础。

第二，父母要告诉孩子，不讲卫生会带来各种危害，比如，寄生虫病、皮肤真菌感染等。

孩子生病的时候正是父母纠正孩子不讲卫生的最佳时机。如果经过父母多次提醒、批评，孩子还是改不掉不讲卫生的坏习惯的话，那么父母就可以在带孩子看医生的时候，请医生提醒孩子平时要注意讲卫生。因为对有些孩子来说，医生的一句话比父母的十句话都管用。

第三，父母要帮孩子找一个讲卫生的好榜样。

榜样的力量是无穷的。父母可以观察孩子平时交往的同伴中，哪些孩子有讲卫生的好习惯，可以让这些孩子来带动自己的孩子。

明明不讲卫生，不勤换衣服也不爱洗澡，身上常常有股异味。明明书桌上的灰尘常常积得很厚了也懒得去擦一下。为此，明明的妈妈感到很苦恼。

一次，明明带小梁来家里玩。明明的妈妈留意到，明明和小梁在一起总有说不完的话，而小梁不仅穿戴很干净、整齐，还是个讲礼貌的好孩子。

小梁走后，明明的妈妈还发现明明对小梁说过的话或者做的事称赞不已，于是妈妈想出了一个主意。

明明的妈妈找到了小梁，然后和他商量好，哪天小梁打扫卫生，就让明明去他家玩。明明的妈妈用意很明显，是想让明明跟着小梁学习讲卫生。

一个周末，小梁正在自己的房间里大扫除，明明来了。小梁就招呼明明先找个地方坐着，自己一会儿就忙好了。明明不好意思坐，就站在旁边看小梁打扫卫生，只见小梁给湿抹布涂上肥皂，然后再轻轻地擦拭书桌，几处污渍很容易就被擦掉了。明明提出帮小梁一起打扫卫生。小梁也不客气，就让明明帮他整理书本。不到半个小时，屋子里就焕然一新了。

小梁告诉明明，自己每个星期都会搞一次大扫除。从小梁家回来后，明明像变了一个人一样，不但把自己收拾得很干净，房间也整洁多了。

父母在教育孩子讲卫生的问题上尽量不用生硬的口吻，数落孩子这里扫得不干净，那里收拾得不整齐，这样只会起到相反的作用。父母应该做的，就是慢慢地引导，久而久之，孩子自然会养成良好的卫生习惯。

专家谏言：

讲卫生是健康的基础。讲卫生是一个孩子健康的重要保障，那些没有良好卫生习惯的孩子往往都会感染一些疾病。养成良好的卫生习惯，不仅是身体健康的保障，也是一个国家国民素质的体现。

偷窃是绝不可饶恕的行为

> 应该强调，不严肃认真的教育，有许多隐患。父母使自己的子女享福太早，是不聪明的。
>
> ——雨果

家风，往往决定一个人的为人处世与做事态度，甚至会影响一个人的一生。不良的家风，会给人带来消极的思想与行为，像雾霾一样不仅会侵害自身健康，还会扩散到社会上影响他人健康；优良的家风犹如一股清新空气，蕴含着我们千百年来所信仰的真善美，它既能惠及自己的一生乃至子孙后代，也能不断传承大众所公认的核心价值。

家风的优劣，会显现一个人的世界观、人生观和价值观，会左右其工作能力的正常发挥以及对人生道路的选择，会影响他的工作作风，乃至会影响到他的整个人生。

良好的家风，就该从小抓起。当孩子在犯一些错误的时候，家长绝不能以"孩子还小"为理由，一定要严肃教育，让他认识到自己的错误。

曼曼是小学四年级的学生，妈妈是一家公司的管理人员，爸爸是私人企业的老板。曼曼家里的经济条件殷实，她平时也不缺零花钱。但是最近班主任反映，曼曼有几次把同学的笔、橡皮偷拿回家。其实，在曼曼读二年级时就曾偷拿过同学文具盒里的钱，只是当时父母都没有重视。

对曼曼的偷窃行为，老师曾多次进行教育，但效果不明显。曼曼的父母感到很不理解，家里什么都不缺，为什么曼曼还喜欢偷拿别人的东西呢？

"偷窃"就是未经别人许可，悄悄把别人的东西拿走。那么，孩子形成偷窃习惯的原因是什么呢？

当孩子出现"偷窃"行为的时候，有些父母没有给予重视，有的甚至置之不理，这样就会纵容孩子的行为。俗话说："小时偷针，大时偷金。"

孩子一旦形成偷窃的习惯，再想改正就为时已晚了。因此，家教不严是孩子形成偷窃习惯的一个重要原因。

从前，有一位富翁在五十来岁时有了一个儿子。富翁很宠爱儿子，对儿子百依百顺，生怕严格管教会使儿子受委屈。

这个孩子在四五岁的时候就养成了坏习惯，不许人管而且强横霸道。

富翁觉得反正儿子年纪还小，现在不用管，等他长大了就懂事了。

随着时间的推移，这个孩子的恶习也逐渐增多，胆大到常人难以想象的程度。到了十七八岁的时候，他竟常常偷拿父亲的钱到外面去吃喝玩乐。

儿子每次跟富翁说话都会出言不逊，把富翁气得浑身发抖，而富翁却丝毫没有办法。

不久，富翁的钱就被儿子挥霍完了。儿子因为没钱用，就离家四处流浪去了。

光阴似箭，一转眼，富翁已经80多岁了，他孤苦无依，处境好不凄凉。

有一天，富翁在桑园里独自散步，想起不争气的儿子来，忍不住叹了一口气。这时，桑园里的农夫对富翁说："老爷，您这般叹气是为什么啊？您能帮我把这桑树弄直吗！"

富翁笑笑，摇着头说："哎呀，这枝已经粗得直不回来了。"

农夫说："不错，不错。不但桑树要从小直，教育孩子也要从小开始！"

年迈的富翁听了这句话，禁不住老泪纵横，他后悔自己当初没有好好地教导儿子。

"少年若天性，习惯如自然。"孩子小的时候拿走别人的东西，仅仅是出于喜欢，没有道德观念，如果得不到大人的及时纠正，一旦养成了习惯，就会把偷窃当成自然，甚至不以为耻。

因此，家教不严会让孩子形成偷窃的习惯，甚至当别人用道理教育他们时，他们也不以为然。

有的孩子自制力差，物质上的引诱也会让他们产生偷窃行为。好看的玩具和学习用品吸引着孩子，可是自己的愿望又得不到满足，为了满足物质上的需要，孩子便学会了偷窃。

有的孩子有炫耀心理，为了满足虚荣心，乘人不备就将别人的东西据为己有。这些孩子不但不以此为耻，反而还经常炫耀他们的"战利品"。

另外，反抗心理也会让孩子产生偷东西的行为。一些孩子遇到不公对待后，比如，老师的偏向和同学的欺负，都会引起他们以偷为报复的心理，以此满足心理上的平衡。

作为父母，必须严肃、认真地对待孩子的偷窃行为，教育孩子"勿以善小而不为，勿以恶小而为之"，在严格要求孩子、不伤害孩子自尊心的前提下，有效地教育孩子。

父母要以身作则，教导孩子树立正确的道德观念。

菲菲从农村出来到城里打工。她鼓起勇气前往一家正在招工的酒店应聘。菲菲幸运地通过了面试，老板给她的月薪是900元，加班费另计。菲菲很高兴能到这家有名的酒店当服务员，工作起来也特别勤快。每天，她总是最早一个来上班，最晚一个下班的人。然而菲菲在得知老板前后开除了几个非常能干的服务员后忍不住担心自己能否干得长久。

一天，菲菲在打扫卫生时，意外地发现餐桌座位底下有一张崭新的百元钞票。菲菲的心顿时一阵狂跳，连忙往四周看了看，似乎没人注意自己，于是就弯下腰将钱捡起来。

然而菲菲没高兴多久，她忽然想起自己小时候，父亲宁愿卖血也不愿意白捡别人的钱用。那年菲菲才8岁，为了她过年时能够有一套新衣裳，父亲偷偷地到山外的医院卖血。在山口，父亲捡到一个钱包，里面有30元钱。当时，30元钱是一笔不少的钱。有了这30元钱，父亲完全可以不用去卖血，然而他却在山口苦苦地等待，最终等来了失主。父亲对菲菲说："不是自家出力挣的钱，拿了烫手。咱人穷，可绝不能志短啊！"

这句话一直铭刻在菲菲的心中。现在，虽然百元大钞确实让菲菲心动，但是她还是毅然把捡到钱的事告诉了老板。

没想到的是，老板说让菲菲捡到钱是自己的一个"计谋"，那几位服务员就是经不住这种诱惑而被辞退的。菲菲恍然大悟，她由衷地感谢父亲，是父亲的言行给自己树立了榜样，并且还让自己从中受益。不久后，菲菲被提升为酒店的领班。

如果父母教会孩子面对捡来的钱财而不动心，孩子又怎么会去偷窃呢？

因此，父母在平日首先要以身作则，让孩子有正确的道德观念，那么孩子也会学会诚实做人，不随便拿别人的东西。

父母应给予孩子适量的零用钱，以满足他们日常生活的需要。父母可以给孩子一些零用钱用途的建议，让孩子清楚，当他们有所需要的时候，一定要和家里人说明。同时，父母应与孩子建立良好的关系。因为孩子得到父母尊重，彼此之间建立起良好的情感，那么家长的教导更容易被孩子接受。

对于犯错误的孩子，父母一定要注意，可以态度严厉，但是不要责骂、嫌弃或鄙弃孩子，而是要给孩子讲道理，不要让孩子感到自己是个坏孩子。让孩子明白，不是孩子本人不好，而仅仅是他们的这种行为不好。

专家谏言：

无论什么情况下，父母都不要责骂、嫌弃孩子。对于有些孩子明知故犯地偷窃，父母发现后应立即指出这个问题的严重性，告诉孩子偷窃是人人憎恨的一种行为，在和孩子的沟通中劝导孩子物归原主并进行道歉。

孩子绝不可出口成"脏"

> 孩子的身上存在缺点并不可怕，可怕的是作为孩子人生领路人的父母缺乏正确的家教观念和教子方法。
>
> ——珍妮·艾里姆

家风，是一个家庭中最受人关注、也最能体现家庭素养的"门脸"。无论说话还是做事，稍有出格，就会受到"没有教养，没有涵养"之类的指责。

无论是家长还是孩子，都有着自己的圈子和社会，而在这个圈子内，难免会跟别人有摩擦，这是再正常不过的事。出现了问题，解决的方法有很多种，如果为了一己之私，采取出口成"脏"的方式，全然不顾别人的感受，那么众多的旁观者就会指责你家风、家教低下，即便以往你对孩子有着其他良好的教育，长时间坚守下来的优良家风也会毁于一旦。

奇奇是个 11 岁的孩子，长得眉清目秀，十分讨人喜欢。但是奇奇的妈妈却不敢带他出门去做客，因为奇奇总喜欢说脏话。有一次，妈妈带奇奇参加一个聚会。聚餐后，妈妈跟几个朋友闲谈，奇奇走过来对妈妈说自己想回家了。妈妈说："再等一下，马上带你回去。"然后又回过身和朋友说起话来。奇奇突然大声叫道："妈妈，你 XXX 给我闭嘴！"一句话顿时让妈妈和周围的人感到很尴尬。

奇奇经常说脏话，妈妈为此感到十分苦恼。如果妈妈问奇奇："说脏话好不好？"奇奇就会不假思索地说："不好。"孩子明明懂道理，但是说脏话的习惯仍然改不掉。

孩子在成长的过程中一般都有说脏话的时期。从成长发育的规律来看，孩子说脏话的习惯往往是模仿长辈或者他人。孩子周围的大人，或者同龄伙伴有说脏话的现象，那么他们就会成为孩子学习的对象。此外，孩子从电视、网络、杂志等多个途径中接触成人世界，其中的讲话带脏字也会成为孩子学习的对象。

调查结果表明，家庭氛围对孩子说话的影响有三种情况。首先，和睦的家庭氛围会对孩子产生积极影响，孩子会讲礼貌不骂人；其次，家长若是那种态度积极、思维活跃的人，大多在这样氛围下成长起来的孩子，一般不会有骂人行为；最后，家庭氛围不和睦，家长动不动就吵闹，甚至是打架的，孩子会从中受到消极影响，孩子出现说脏话的情况的概率将更高。

由于孩子辨别是非的能力远远低于成年人，不少孩子会有说脏话就是比别人厉害的错觉。他们听见别人说脏话，自己也盲目地模仿。

其实，孩子说脏话是对心理压力的一种宣泄，他们并不知道说脏话是个坏习惯，只是想发泄一下自己内心的情绪。

一个人如果综合素质高、有教养，就会有良好的文明礼貌习惯。这样的人将会被人尊重、受人欢迎。就心理角度而言，和谐的人际关系是建立在被众人接纳的前提下的。一个缺乏礼貌和教养的人，怎么会得到别人的尊重？这样的人在社会中是难以立足的，更何谈发展事业？

因此，讲礼貌是人类的精神文明财富。在每一个家庭中，父母都要培养孩子成为讲礼貌的人。著名作家赫尔岑说过："生活里最重要的是有礼貌，它比最高的智慧，比一切学识都重要。"凡是讲礼貌的人，大概率会受到大家的喜爱。

通常一些父母会持错误的观点，认为孩子年纪尚幼，他们想法天真就随他们去想，孩子长大了就知道礼貌了。其实，如果不从小对孩子进行讲礼貌方面的培养，久而久之孩子就会养成坏习惯，长大后再想纠正孩子身上的这些坏毛病就很困难了。现在很多孩子不注重讲礼貌，归根结底这是家长精神教育上的缺失。这样的孩子如果不及时得到教育与纠正，绝不会在将来的某一天突然变成有教养的人。

同时，讲礼貌和孩子的天真并不发生冲突，所以培养孩子讲礼貌的好习惯会对孩子成长产生深远的影响，越是懂礼貌的孩子，越能获得自由发展的广阔天地，越能成为受人们欢迎的人。

孩子说不说脏话取决于身边的环境和父母的教育程度。父母必须帮助孩子消除语言垃圾，培养孩子讲文明、懂礼貌的好习惯。

孩子说脏话都有一个过程。孩子第一次说脏话，父母通常表现得非常惊讶，认为孩子"学坏"了，然后严加指责，还不停地追问孩子是从哪里学的。

专家认为，父母这样做不仅不利于孩子改掉坏毛病，反而会起到强化的作用。正确的做法是，父母在刚开始听到孩子说脏话时，可以装作没听到，表现得很镇静，让孩子知道说这种话并不会引起别人的注意，不会达到自己的目的。

如果家长的用意并未被孩子察觉，当孩子再说脏话的时候，父母就要对他们严肃地说："换句话再说一次，刚才说的那句话我无法接受。"慢慢地，孩子就会知道说脏话会给别人造成不良印象，就会知道哪些话该说，哪些话不该说。

讲礼貌是一个人的基本素质，父母都希望孩子讲礼貌，成为文明少年。父母应该让孩子注重个人礼仪的培养，从仪容仪表、仪态举止、谈吐等方面严格要求自己。

例如，仪容仪表要求整洁干净，头发按时理、指甲经常剪、经常洗澡等；仪态举止要大方得体，谈吐诚恳、用语文明，倾听别人说话时要表现出专注的一面。不穿脏兮兮、皱巴巴的衣服，穿衣干净得体。

同时，要让孩子学会待客之道和公共场合的礼仪。遇到熟人要主动打招呼；问路时用语文明；在拥挤的空间与人发生碰撞，要表现出宽容的态度；家中要来客人，提前应把房间收拾干净等。

父母也可以利用客人来访的机会，让孩子做小主人，有意识地训练孩子招待客人，从而让孩子养成讲文明、懂礼貌的好习惯。

每当家里来客人时，哲哲总是在客人面前做出不礼貌的行为。妈妈为此感到十分苦恼。一天，妈妈的同事来到家里，妈妈要陪客人聊天，就对哲哲说："你自己去那边玩吧！"

孩子只是嘴上答应，却迟迟看不到他做出实际行动。

"你是大孩子了，要自己安安静静地玩。"

"嗯。"他嘴上答应着，却并不这么做，一会儿开门，一会儿关门，一会儿又问妈妈要这要那。于是，妈妈先让客人喝茶，然后悄悄地把孩子叫到卧室，狠狠地批评了他一顿。没想到这样一来，哲哲不但没有变老实，反而变本加厉，更加淘气了。

客人走后，妈妈下决心找出孩子不懂礼貌的原因，于是问哲哲："你看你现在多乖呀，可是为什么客人在的时候你就不听话呢？"

"你光和客人说话，老是叫我到一边去，好像我很讨厌似的。我也想和客人讲话。"哲哲委屈地说。

这时妈妈才恍然大悟，原来孩子的心里是这么想的。于是，后来家里再来客人时，妈妈就会让哲哲招待客人，先给客人送拖鞋，然后再给客人端茶。哲哲果然变得很懂礼貌。

家里有客人来访，是培养孩子懂礼貌的好机会。当客人走后，家长必须对孩子的错误之处进行指正，但孩子做得好的方面也要加以表扬。只有这样，才能培养孩子的好习惯，让孩子心智逐渐变成熟，人格品质得到完善，说脏话的情况就会逐渐消失。

专家谏言：

父母只有自己讲究礼节、有知识、有能力并且富有进取精神，才能为孩子清理语言垃圾、培养良好的习惯树立榜样，才能获得孩子的尊重，并使孩子健康成长。

先给孩子一个好身体，再让他学习

> 良好的健康状况和由之而来的愉快的情绪，是幸福的最好资金。
>
> ——斯宾塞

良好的家风需要祖辈不断地引导、小辈不断地传承，而如何能够将良好的家风不中断地传承下去，首要的是有一个好的身体。因此，如何拥有好的身体，如何让孩子能够坚持不懈地锻炼身体，也就成了家风中不可或缺的一部分。孩子不爱锻炼身体，最重要的原因是不能将运动持之以恒。锻炼身体实际上是很艰苦的，它不仅要"劳其筋骨"，而且要"苦其心志"，尤其需要风雨无阻、持之以恒。许多孩子从小就被宠爱，缺乏不怕艰苦、持之以恒的意志力，他们总是寻找各种理由躲避锻炼。

为人父母的都知道，劳逸结合对一个人的健康和发展是多么重要。现在的孩子，面对强大的学习压力和繁重的学习任务，为了能够实现自己的升学梦想，为了不辜负父母的期望，他们经常承担着超负荷的学习重任。或许父母感受不到孩子的辛苦和疲惫，但是无论如何，让孩子在劳逸结合中享受学习、体验生活，让孩子在学习之余停下来休息一下都是很有必要的。

一位父亲跟他的同事说："很奇怪，我的孩子这星期回家，面对他妈妈精心准备的一桌饭菜，不再像往常那样狼吞虎咽了。他只是用充满疲惫的眼神扫了饭桌一眼，然后有气无力地说'我现在不想吃饭，我只想尽情地睡上一觉'。"

这位父亲以为孩子生病了，于是赶忙摸了摸他的额头。孩子推开父亲的手，说："爸爸，我没有生病，只是非常困倦，现在我们学校中午又加了一节自习课，原来中午还能在教室休息半个小时，现在有值班老师'查岗'，不允许我们睡觉。"说完，孩子衣服也不脱就一头扑到床上，几分钟后便鼾声如雷。

如今的孩子面临着沉重的学习任务，他们不得不在休息时间里学习，结果只能使他们变得身心疲惫。因为缺少充足的休息，长时间用眼，也使许多孩子的视力大受影响。专业机构对在校青少年近视高发的现状做了相关调查，他们对这种态势表示了忧虑，呼吁父母要注意让孩子的眼睛得到休息。

一位学生在日记里透露，上高三的那段时间，父母为了让他每天多学习一会儿，便将他晚上学习的时间延长到 11 点半，而早晨 5 点就要起床。在学校里，他每天还要上 13 节课，以致课堂上他总是不停地打哈欠，整天晕头转向，学习效果非常糟糕，而且视力严重下降，最后不得不戴上近视眼镜。

古人说：欲速则不达。望子成龙、望女成凤是大多数父母的心愿，可是身体是学习的本钱，父母要在关心孩子身体健康的前提下，帮助孩子合理安排学习时间，并适时让孩子停下来休息一下，这样才能保证孩子有效率地学习，才能有希望实现自己的梦想。

小辉是一位上小学的孩子，每天清晨他都极不情愿地从被窝里钻出来。就算是周末，他也必须早起，因为他的父母给他报了特长班。一个周末的早上，小辉一边啃着面包，一边小心翼翼地问母亲："妈妈，今天晚上我能看会儿动画片吗？"看到妈妈还未作答，小辉又急忙补充道："我的作业全都做完了。"当妈妈点头同意时，小辉开心地欢呼起来。

一天中午，刚刚上完美术课的小辉和妈妈坐在餐厅里吃饭。"妈妈，回家后给你看看我今天画的蜡笔画。"小辉边吃边向妈妈"汇报"，"画的是气球……"午休过后，小辉又要去上数学特长班。朋友和同事曾劝小辉的母亲给他多一点儿休息时间，但小辉的妈妈无奈地说："我知道孩子这样太累了，可这些课真的很有用。学过奥数后，他再上数学课就轻松多了。"

忙了一整天的小辉一回到家就迫不及待跑到电视机前看动画片。刚看了没多长时间，妈妈又催小辉回房间做作业。

一次放学回家，小辉和妈妈走到家门口，看到几个小朋友正在踢球，小辉的脸上露出了羡慕的神情，他央求道："妈妈，让我和他们玩一会儿球吧？"妈妈说："做完作业再来踢球。"小辉赶忙对那些小朋友说："你们等我一会儿，我马上就来。"可是一个小朋友摇了摇头道："我们也只能玩一会儿，还要回家写作业呢。"多次商量无果后，小辉只好跟着妈妈回家了。

正值童年的孩子，本是天真烂漫、活泼好动的年龄，而有的父母却把他们整天关在房间里，束缚在书本上，他们甚至连基本的休息时间也得不到保障，这对孩子的健康成长是不利的。

面对不堪重负的孩子，父母通常持有两种态度。有些父母认为应该多给孩子一些休息和玩的时间，毕竟孩子正处在长身体的阶段，健康快乐地成长是最重要的。而有的父母则认为，现在的苦是为了孩子将来能考上好大学。

事实上，孩子学习之余的生活本可以丰富多彩。只要父母抱着尊重孩子的心态，给予孩子理解，让孩子学会做自己的主人，积极让孩子参加各种有意义的活动，提高孩子的综合素质，这样孩子才能在将来的竞争中处于领先地位。父母应尊重孩子的选择，多给孩子一点儿休息时间，让孩子劳逸结合，快乐地学习，快乐地生活。

专家谏言：

孩子是祖国的花朵，是国家未来的栋梁。虽然每个家长都想让孩子有好的成绩，但也不要忘记孩子身体的重要性。俗话说，身体是革命的本钱，而对于正在发育的孩子来说，关注孩子的健康和成绩是同样重要的。要做到让孩子劳逸结合，在玩耍中体验学习的重要性，在兴趣中培养学习的乐趣。只有这样，孩子才会主动去学习。

掌握要领，家长不必为孩子吃饭烦恼

> 一粥一饭，当思来处不易；半丝半缕，恒念物力维艰。
>
> ——《朱子家训》

在古代或老一辈人的家庭里，每次吃饭时，都是家中最长者居中而坐，而长者不动筷子则谁也不能吃饭。当时的孩子众多，但每一个孩子都会端坐在凳上，一动不动，等到最长者动筷后才开始食用。这就是一种家风。而在现在的社会中，很多家长都是以孩子吃饭为先，更甚者会拿着碗筷追在孩子身边劝哄孩子吃饭。不少家长反映，不管是价钱多贵的果蔬肉类，做得味道多好，孩子都提不起吃的兴趣。就算是把孩子强行摁到饭桌上，他也不好好吃，即使吃也吃不了几口。让孩子好好吃饭成了家长的难题。

佳佳从小就不好好吃饭。吃饭的时候，她总是分心做别的事情，每次都要妈妈催上半天才勉强吃两口。而且佳佳并不像其他孩子那样规规矩矩地吃饭，餐具成了佳佳的玩具。

为了能让佳佳乖乖地吃饭，妈妈可是费尽心思。一开始妈妈觉得可能是她做的菜不对佳佳的胃口，为此妈妈每天都做不同的菜品给佳佳吃，可佳佳还是对吃饭提不起兴趣。

为了解决孩子不好好吃饭的问题，家长喜欢用哄骗甚至是打骂的方式强迫孩子吃饭，但这样做真的是收效甚微。

要解决孩子不爱吃饭的问题，首先要找出原因。最常见的原因是吃了太多的零食，导致自己没有饥饿感。孩子自制力弱，他们认为好吃的东西，就会吃个没完，加上父母没及时约束，孩子就是在这样的情况下填饱了。孩子吃饭不规律，并摄入过多的高热量的食品，也是导致孩子缺乏饥饿感的原因之一。这样，孩子自然不愿好好吃饭。

专家认为，最让家长哭笑不得的事情就是孩子不吃饭的问题，但无论用什么样的方式，都无异于在逼着孩子吃饭，久而久之孩子难免产生厌食心理，导致孩子更不喜欢吃饭了。因此说，孩子不爱吃饭，问题不在孩子身上，而在于家长没有使孩子养成良好的饮食习惯，没有从小教给孩子餐桌上的家风。

那么父母应如何培养孩子自觉吃饭的好习惯，解决孩子不好好吃饭这个老大难的问题呢？

第一，让孩子养成良好的用餐习惯。

必须让孩子养成吃饭规律的好习惯。饭前洗过手之后就不能再吃其他的东西了；说一些能勾起孩子食欲的话；鼓励孩子不专挑自己喜欢的东西吃，养成不挑食的好习惯；给孩子灌输"比赛吃饭"的理念；吃完饭，学习收拾碗筷……时间久了，孩子就不会再忽略吃饭这件"大事"了，也会因为能按时吃饭而产生成就感。

第二，严格控制甜零食的摄入量。

食欲也会因为血糖的高低而受到影响。神经中枢受到低血糖的刺激，机体就会产生食欲。反之，血糖高则食欲下降。如果孩子摄入过多的零食，特别是甜零食，其血糖值就会长时间停留在较高的数值上，食欲自然就不会太好。

第三，让孩子在愉悦的状态下进食。

吃饭应该是一种享受。吃饭时，家长不要强制孩子吃他们不喜欢的东西，否则孩子的食欲会受到影响。孩子不喜欢吃时，可以让他离桌，其他人继续愉快地享用。如果想讨论吃饭的习惯问题可以选择和孩子在饭后交谈。

第四，在孩子的用餐心理上做文章。

用普通的餐具无法引起孩子的饮食兴趣，父母不妨在孩子的餐具上多花点心思。孩子往往喜欢形状奇特、颜色漂亮的食物和餐具，父母可多加留意孩子这方面的喜好。另外，不要一下子给孩子盛一大碗饭，否则孩子还没吃，就会产生自己无法吃完的感觉。送到孩子面前的食物，最好要略小于孩子的食量。孩子觉得少，才会吃得香。若是不够吃，他肯定会要求再给他盛一碗。

第五，别怕孩子饿着。

饥饿的时候人才会产生旺盛的食欲。孩子饿了，平时他不爱吃的东西也会变得特别香。适度让孩子体验饥饿，可使孩子的食欲得到明显的改善。但很多父母生怕孩子饿着，甚至强迫孩子吃东西，其结果往往适得其反。适当对孩子的食量进行调控，偶尔也可以给孩子一点儿饥饿感，等到下一顿饭，孩子就会主动要求吃饭了。请放心，这种方法是不会对孩子的身体产生危害的。

专家谏言：

孩子不吃饭的根源往往在家长身上。很多家长在平时给予孩子太多零食，或者到了饭点时孩子还玩得忘乎所以，家长往往端着碗筷央求孩子吃饭，让孩子本能地以为吃饭只是为了给父母一个交代，甚至有的孩子会以吃饭为交换条件，让父母答应给他买他想要的东西。父母的这种娇宠只会让孩子把吃饭当成"勒索"的条件。要想让孩子形成良好的吃饭习惯，就要有严格的家教，到了午饭时不吃，那就只有晚饭了，晚饭也不吃那就饿一天，当孩子体验到错过饭点就再也没有东西吃的时候，他自然会乖乖地在吃饭的时候端坐在餐桌前。

自省，方可成长

君子博学而日参省乎己，则知明而行无过矣。

——荀子

高尔基曾说过，反省是一面莹澈的镜子，它可以照见心灵上的污渍。布朗宁说："能够反躬自省的人，就一定不是庸俗的人。"曾子说："吾日三省吾身。"唐代僧人说："身是菩提树，心如明镜台。时时勤拂拭，勿使惹尘埃。"这些都在告诉我们，人要常常自省，养成自省的习惯，才能使自己的心如经常拂拭的明镜一样明亮。自省是人们自我认识、提升自己、实现自我价值的重要手段。自古以来，每个成功人士，必然是懂得自省的人。因此，我们要注重培养孩子的自省能力，让他懂得时时自省，养成自省的习惯。自省也是优良家风中重要的一环。

曾有孩子这样问父母："人的眼睛为什么不对着长，这样的话，两只眼睛对看，就能够看到自己的样子，不必担心牙齿上有韭菜屑、嘴角有饭粒。"

这个问题问得很有意思，因为不少动物的眼睛是长在两边，所看到的范围比较广；而人就看不到自己背后的事物，被人从身后袭击都不知道。正如古人一语道出真谛："人苦不自知。"这并不是说我们的眼睛不够雪亮，其实人的眼睛"明察秋毫"，遗憾的是会出现"只见树木，不见森林"的情形，看得见别人脸上的麻子，看不见自己脸上的痘痘。

幸运的是，人类发明了镜子。古人说："以铜为镜，可以正衣冠；以古为镜，可以知兴替；以人为镜，可以明得失。"但镜子出现以后，人类还是没有自知之明。心理学家曾做过这样一个有趣的实验，用镜子来测试婴儿知不知道什么叫自我。

他们先把一面镜子放在婴儿面前，十天之后，将镜子取走，在婴儿额头上点一个红点。当镜子还没放到婴儿跟前，他并不会用手去摸额头，但是当镜子放到婴儿面前后，他一看到镜子中的"身影"，便立刻用手去摸额头，这说明他明白镜中是自己，而且知道自己原来是没有红点的。

如果将第一步省略，看似自己头上有红点，但他不会去摸镜子，因为没有比较就没有判断。

这个实验说明什么呢？当一个人不知道原来自己的样子，就只会顺其自然。但通过照镜子认识自己后，那么一有什么不对就会立刻察觉，而且这种察觉不会因为知道却装作视而不见，他会在镜子前面一直看。可见，一个人拥有自知是非常重要的。

大哲学家苏格拉底曾说过："没有经过内省式思考的生活是没有任何意义的。"孩子做事往往比较冲动，他在做一件事情的时候也不会去考虑后果。即使孩子做事时能想一下后果，但由于他经历的事情比较少，思想比较单纯，他的预见能力还是比较弱的。这时候，父母可以帮助孩子预见后果，从而达到反省的目的。

小涛做事总是由着自己的性子，根本不顾及后果。妈妈决定找个机会，让他体验一下苦果。

星期三的晚上，小涛看电视直到 11 点还不去睡觉，他完全没有在意第二天的数学竞赛。第二天早上 8 点他才醒来，慌慌张张地赶去考场参加考试，结果考得一塌糊涂。

小涛抱怨妈妈没有及时叫醒他。妈妈说："小涛，你都 10 岁了，做事应该能想到后果了。你明知道第二天有数学竞赛，为什么前一天晚上不早点休息呢？你应该认真反省一下自己的行为。"小涛觉得母亲说得对，就向母亲保证以后自己会注意。

孩子有时候不能对自己所做的事情做出正确的预见。为了提升孩子的预见能力，父母除了让孩子体验预见不足带来的危害外，还要多给孩子讲述一些日常生活中的故事或者历史典故，让孩子不用去经历一些事情就能积累经验。而当孩子遇到和父母讲述的故事类似的情况时，就会依据自己的经验，做出正确的判断。

成长中的孩子常常犯错误，这正是对孩子教育的"黄金时刻"，这时候，如果父母循循善诱，动之以情，晓之以理，引导孩子进行反省，就会取得很好的效果。

小云特别喜欢金鱼，一有空就把金鱼从鱼缸里拿出来玩儿，母亲看到后没有指责他，而是采取了"冷处理"的方法。

由于小云经常把金鱼拿出来玩儿，鱼缸里的金鱼相继死去，最后，鱼缸里一条金鱼也没有了。母亲仍然没有批评他，也没有再买金鱼。

就这样过了十多天，小云问母亲："妈妈，怎么不买金鱼啊？"

母亲觉得教育孩子的最好时机到了，就反问道："你说呢？"

"是我把金鱼都弄死了。"

"是啊，如果妈妈再买来金鱼，还是会被你弄死，那么妈妈还买金鱼干什么呢？"

"妈妈，我已经知道错了，你买吧，我再也不会把金鱼拿出来玩儿了。"

母亲看到孩子已经认识到自己的错误，就又买来了金鱼，小云果然不把金鱼拿出来玩儿了，而是耐心地照料它们。

教育孩子反省有很多办法，有的时候用"冷处理"的方法，让孩子去反思自己的行为。当他认识到自己的错误后，父母再心平气和地跟他沟通，就比单纯指责强得多。

此外，写日记也是一种让孩子自我认识、自我反思的好方法。父母不妨让孩子养成写日记的习惯，让孩子在写日记的过程中，发现自己的优点和缺点。他在日记中不需要写太多反思的内容，如果他觉得写不出任何内容，就写一条反思总结，这样积少成多，一年也有365条。如果他一天能总结好几条，那么这个数量就会非常可观了。假如他能够把这些缺点逐一改正，他就会成为一个趋于完美的人。

除了写日记，父母还可以帮助孩子建立"自省档案袋"，让孩子反省自己一天当中的行为，把自己的不足之处或者自己做事的一些可取的方法总结出来，写在一张小卡片上，放进"自省档案袋"。每过一段时间，父母就把孩子的自省总结卡拿出来，看看孩子的不足之处是否已经改正。如果孩子的某个缺点没有改掉，就把这个缺点所在的档案卡单独拿出来，用红笔标上颜色，交给孩子，让他进一步自我反省。

让经常反省成为孩子的一种习惯，成为孩子生活中不可或缺的一部分，孩子才能有所感、有所悟，进而全面认识自我，不断成长。

专家谏言：

孩子犯错的时候，我们加以适当引导，让他懂得自省，他的人格才能不断趋于完善，他的心理才会越来越成熟，人生才会越来越幸福。

第三章

度字诀：过度保护，即是伤害

"养不教，父之过。"一个家庭的家风教育好坏，很大程度上要看父母是否能够认真教育子女。现在大多数家庭都是独生子女，父母和老人都会对孩子过度宠爱和保护，但这样不仅不会让孩子明白何为家风、何为中华民族的传统美德，还会让孩子养成自私、傲慢等不良的品性，等到将来走向社会，这些恶习会给孩子带来巨大的伤害。

对于孩子，溺爱等于过度的阻碍

> 父子之严，不可以狎；骨肉之爱，不可以简。简则
> 慈孝不接，狎则怠慢生焉。
>
> ——《颜氏家训》

现在，很多家庭的父母都没有意识到，家风构成了孩子精神成长的重要源头，他们认为家教可有可无，家风可优可劣。虽然有些家庭已经意识到家风的重要性，但由于对子女过分溺爱，反而将家风弃之一旁。

俗话说："严厉是爱，溺爱是害。"孩子不应是笼中的囚鸟，而应是搏击长空的苍鹰。先哲们早就留下了这样的话："儿孙自有儿孙福，莫为儿孙作马牛。"但是如今，中国家长还是没有学会适度放手，给孩子一些自己的空间，让他们做自己的选择，孩子的事情家长总是亲力亲为。到了最后，家长只怕留下"富不过三代"这样的长叹！很多家长打着保护孩子的幌子，替孩子做决定，这无形中阻碍了孩子的成长。当孩子表达出自己的想法就会被家长的意愿抹杀，孩子就是在这么长久的束缚下变成了一个唯唯诺诺、畏首畏尾的人了。如果家长长期庇护孩子，那么等到孩子长大独立的那天，他有庇护自己的能力吗？没有谁能陪谁一辈子，当家长年迈的那天，自己的孩子是否有足够的能力来应对自己的生活？

一位母亲在给远方打拼的儿子的信中这样写道："你即将要成长，而母亲却要退到你的身后。"这位母亲深知最好的爱是放手的道理，不放开双手，孩子怎么能靠自己的能力闯出一片天地。有一种爱叫聚合，也有一种爱叫分离，这两种都代表了家长对孩子的疼爱。家长最好的爱，就是培养孩子的独立精神，尽快将孩子变成一个独立的人，这样做的目的就是希望孩子将人生掌握在自己的手里，用独立的人格面对世界的挑战。很多家

长认为自己做不到放手，但其实，不断让孩子去尝试才是王道，如果让孩子按照家长的意愿按部就班就失去了生命的意义，日后他们有什么能力应对社会的挑战呢？

因为父母工作忙的缘故，小宏从小就和乡下的爷爷奶奶生活在一起。等到他九岁的时候，父母才把他接到城里。

父母看到和自己已经有些生疏的小宏感到万分愧疚。出于弥补心理，父母对小宏格外溺爱。短短几年时间，小宏从刚来时乖巧听话的好孩子变成了现在耍无赖的小霸王，心情不好的时候还喜欢摔东西、发脾气。

父母明白小宏这样不好。可是想想这些年对孩子的亏欠，父母就忍了。就是在父母这般溺爱下成长的小宏，后来变本加厉，不仅逃学上网，最后还索性不去上学了。

父母看着小宏变成了这样，感到十分痛心。为了哄小宏重新回学校读书，他们答应了小宏的要求，给他买笔记本电脑和手机。倘若父母不答应，小宏就会挖苦父母："你们真抠门！"父母只好任由小宏这么闹下去……

大多数孩子肯定不会像小宏这么极端，但是如果父母对孩子的溺爱也像文中小宏父母这样，那么小宏就将成为大多数孩子的缩影。现在，你还敢溺爱孩子吗？

在家长看来，孩子永远都是长不大的，之所以现在的家长不肯给孩子一些自己做事情的机会，首先是怕麻烦，缺乏对孩子做事的信心；其次，家长从主观上认为孩子不具备单独做事的能力，只图自己省心，却忘记了对孩子能力的培养。其实家长不能按照自己的意愿左右孩子发展，因为孩子早晚都有长大走向社会的那天，如果一直庇护着孩子，他将来在社会上拿什么立足？家长该放手时就要放手，给孩子腾出自由生长的空间，让孩子尝试着独立完成一些事情，这才是生命赋予的最好的意义，这样的教育方式才是真真正正地对孩子负责。当然，家长在"放手"的初期，也需要给孩子一个逐渐适应的机会，完全放手不管无异于断了线的风筝。

家长在教育孩子的同时，还需要注意调节孩子的心理压力。家长的期望值过高也会无形中增加孩子的压力，而这种压力最终导致的结果就是两败俱伤。其实，家长只要陪着孩子学习，观察他的长处，给他足够的鼓励和支持，让他在宽松的环境中成长，那就是最大的关怀和爱护了。如果家长总是拿自己的期望来驾驭孩子，就会弄得双方都没有喘息的空间。孩子都有一种力量，当孩子自动自发去学习什么东西时，家长是想拦也拦不住的。所以，家长在对孩子进行教育时，要有计划地放手，让孩子一步一步慢慢来。

想要让孩子在人生的舞台上有所作为，家长就一定要学会放手！孩子对天空充满无限的向往，渴望有一双翅膀去飞翔，家长应该给孩子插上一双梦想的翅膀，放手让孩子自由翱翔于梦想的天空。那样的话，即使将来孩子远离身边，家长也不用担心，因为孩子会坚强面对与家人分离的学习生活。不要等孩子长大后表露出自己的弱小和无助的时候，家长才明白自己的教育是不对的，那时候为时已晚。

孩子将来的能力，是在自己动手的过程中逐渐形成的；孩子的自信，也是在自己做事情时培养出来的。孩子的自我认识和动手能力都是将来立足社会的基础，而这些都是在家长充分给予孩子自由成长空间的情况下才可以获得的。当然，家长怕孩子受伤的心情是可以理解的，只要孩子是在安全的前提下，家长就应该给孩子发展空间，让孩子自主地去决定自己的人生！

专家谏言：

优良的家风犹如一汪清泉，洁净无瑕，人们争相饮用，而一旦因为溺爱子女，丧失了优良家风，就意味着在清泉中注入了污染物，把原本洁净的清水弄脏了，这样的孩子将来在社会上也不会有人愿意接触，从而阻碍了孩子以后的发展。因此，要想让孩子成才，父母首先要做的就是不要溺爱子女。

过度放纵也是一种忽视

> 一般人教育子女有个重大的错误，就是没有使儿童的精神在最纤弱、最容易支配的时候习于遵守约束和服从理智。"自然"很明智的使得做父母的人无不爱护自己的子女，但是那种自然的爱一旦离开了理智的严密地监视，就极容易流于溺爱。他们爱护自己的子女，这个原是他们的责任；但是他们常常连子女的过失都放纵不管。
>
> —— 洛克

一些父母认为，现在生活条件好了，没道理让孩子受委屈，怎么也不能比别的孩子差。在这种心态下，父母对孩子几乎是有求必应，孩子要什么就给买什么，于是一些孩子拼命追求物质享受，吃的、穿的、用的都是最好的，但又对自己的东西不珍惜。孩子一旦养成了大手大脚的坏习惯就很难改正，而一个性格骄奢的孩子也是很难有什么作为的。

据调查显示，近年来青少年犯罪率呈上升趋势，不少青少年因大手大脚的花钱习惯，在走投无路的时候会选择犯罪的道路。这值得我们深思！

教育学家对父母如此告诫道：不是孩子的每一个愿望和要求都得得到家长的满足。如果一味满足，这样的爱子方式是错误的。父母应当提醒孩子不要光考虑自己，也应该考虑一下家庭的其他成员。这看似简单的道理却常常被父母忽视。很多父母总是想方设法满足孩子的各种需求，不仅自己不舍得买点什么，还要将别人的那一份也挪给孩子。这样的父母，没有想过孩子的欲望就像是个无底洞。当父母满足了他这一个愿望，孩子马上就会产生下一个愿望。这样无度纵容孩子的做法，深深毒害了孩子的思想。久而久之，孩子会养成目中无人、自私自利的坏习惯，而且，当他们的愿望无法满足时，他们还可能因此变得意志消沉。其实，过度放纵也是一种忽视。

孩子的物质要求家长不能都满足，要教导孩子拒绝虚荣心，因为不管怎样都没有最好，只有更好，这样比是比不完的。

一味溺爱孩子，事事顺孩子的意，就会让孩子养成诸多不良性格，因此家长对孩子的一些不合理要求一定要拒绝，这样才会让孩子变得懂事起来。

现在，越来越多的家长会感叹："我们小时候什么也没有还不是每天高高兴兴，现在的孩子什么都有，却老是不满足。"确实，家长习惯于过问孩子的物质需要，过分给予子女物质享受，才会使孩子的性格变得骄奢、自负、贪婪。

其实，我们可以把孩子的心灵看作是一张白纸，毫无瑕疵的白纸，他们的思想、行为还有待父母"刻画"。但人的欲望是个无底洞，小孩子更是如此。在这个信息爆炸的时代，孩子通过网络世界将自己的视野拓宽，因此他们有着更强的欲望，而家长就会想方设法满足孩子的要求，唯恐被别家的孩子比下去。其实，这种做法是错误的，过度纵容孩子的欲望，会让孩子养成目空一切的坏心态，在他进入社会后，势必会处处碰壁。

基于上述情况，在日常生活中，家长对孩子的不合理要求不能不管。不要迁就孩子过分的要求，即便是孩子正当的要求，也要视家庭情况而定，不见得所有要求都要满足。当家长准备不迁就孩子的时候，一定要想好拒绝的方式，使孩子能最大程度理解自己，让孩子感到家长不是通过干涉自己的自由来管自己，而是自己的要求过分，或者家里的确有困难。让孩子从小就明白克制欲望的道理，培养孩子的抗挫折能力，这对他们日后的成长深有益处。

家长在拒绝孩子的时候，可以答应孩子若是条件允许，在其他时候一定会兑现诺言。信守诺言，也会给孩子树立良好的榜样，从中还能让孩子感受到家长对他的关爱。还有，家长若是已经察觉出孩子的意愿，并主动代为说出，这样更能增进彼此间的感情，还可以达到互相理解、互相信任的目的。

此外，在生活中我们常遇到的情况是孩子坚持要买新玩具，却被母亲拒绝了。孩子质问母亲为何刚才给自己买了新衣服，现在却不肯给他买玩具？母亲可能怒火冲天，当众责骂或打孩子，结果孩子在回家路上大哭不止，母亲也会感到十分尴尬。其实，母亲在孩子的苦苦哀求下，不如先遂了孩子的心愿，待回家再慢慢教导："你看你的玩具已经多得没处放了，你还要添置新的。阿姨家的涛涛一个小坦克玩好久了也没有换，一件心爱的玩具才是最重要的，比你每天换新的要强。"这种低调处理会出乎孩子的意料，令孩子愧疚，他的脑海中可能会出现另一个他，叫自己以后不要提无理要求。

家长真正爱孩子不是事事顺他们的意，而是满足他们的合理要求，巧妙地拒绝他们的无理要求，这样才能让孩子养成良好的习惯，并且健康成长。

专家谏言：

如果父母对孩子无论什么事都是妥协、同意，允许其破坏规矩，父母就会显得很软弱，不坚决，没主见，孩子也就会表现出对父母的不尊重。当父母总是不停地接受孩子破坏规矩，且破坏规矩后屡教不改，父母就该好好考虑考虑了，孩子有时就是在父母的妥协中放任自己的。

爱不能代替孩子精神的独立

> 该让每个人竭力保持自己的独立性，不依赖任何人，
> 无论他怎样爱这个人，怎样相信他。
>
> ——车尔尼雪夫斯基

爱子心切人之常情，但这种爱需要正确的方式。如今，有许多家长什么家务都不让孩子做，只要孩子用功读书，所谓"两耳不闻窗外事，一心只读圣贤书"，结果导致孩子产生极强的依赖感，自理能力极度匮乏。有的孩子十七八岁了还不会洗衣服、不会打扫卫生、不会做饭，甚至连香葱、韭菜都分不清楚。

据相关调查发现，大多成功人士在童年时期喜欢独立做事，而现在有20%的孩子生活不能自理，18%的孩子习惯于依赖别人做事，28%的孩子几乎没有帮父母做过家务，缺少自我保护能力的孩子比例占到了15%。

田田刚考上一所重点中学，因为中学离家太远，她就选择了住校。然而进校没多久，田田就感觉自己再也待不下去了。在家里，她的一切都是由爸爸妈妈照料，从小到大，她连自己的衣服鞋袜都没洗过。住校后，田田感觉非常孤独，非常想念自己的家，就连晚上做梦都是自己的爸爸妈妈，醒来后她就坐在床上暗自流泪。

田田曾试图让自己变得快乐，逼迫自己将脑中家里温馨的画面删除，将注意力全部放在学习上。可是无论田田怎样努力，她的眼前总是浮现出父母以及家乡同学的身影，于是越发想回家去。

经心理咨询，田田是典型的依赖型人格。具有依赖型人格的人常常深感自己软弱无助，有一种"我真可怜"的感觉，当要自己拿主意时，便感到一筹莫展，不知怎么是好。同时，具有依赖型人格的人凡事都认为别人

比自己优秀，比自己有吸引力，比自己能干，还会无意识地倾向于以别人的看法来评价自己。

有这样一句教育孩子的名言："除了阳光和空气是大自然的赐予，其余一切都要通过劳动获得。"孩子的空间要留给孩子，不能让孩子的生活中只有学习，让孩子自己做主，他们的生活才能精彩起来，这样，孩子才会健康、快乐成长。

孩子具有依赖型人格，在心理、能力上欠缺独立性，这是一个不容忽视的社会问题。如何让孩子摆脱依赖型人格呢？

首先，让孩子学会自己的事情自己做。一般而言，帮孩子克服依赖习惯，最好从孩子进入小学就开始。每一个孩子对要进入小学读书都会感到新奇、兴奋。父母应该在这个时候开始引导孩子，让他们知道做一名真正的小学生必须学会做哪些事情，尤其是培养孩子生活上的自理能力和与同学交往的能力。因此，父母必须认真参加学校召开的各种家长座谈会，认真听清学校对家长的辅导和提出的要求，然后回家认真地指导孩子学会做小学生应该做的事。比如，一年级小学生应该学会自己整理书包，自己削铅笔，自己穿衣、梳洗、盛饭等。父母要让孩子知道，这些事情都应该自己做。只有这样，才能让孩子成为一名有责任心的好孩子，从而摆脱依赖心理。

其次，对孩子的隐私给予尊重，孩子也需要一些私人空间，不要再把孩子当成小孩来看待。

我国前外交部部长李肇星有一个非常优秀的儿子。那么他是如何教育孩子的呢？

李禾禾是李肇星的儿子，他是一名品学兼优的孩子，在留美期间，从宾夕法尼亚大学以年级第一名的成绩毕业，后来，哈佛大学工商管理学院又录取了李禾禾。

李禾禾之所以能够取得这么骄人的成绩，完全归功于父母对他的"馈赠"，这份"馈赠"就是父母尊重孩子的私人空间。

李禾禾上二年级时，特别喜欢写写画画，常常在本子上写一段小文章或者画几幅小漫画。

李肇星夫妇虽然知道儿子不喜欢别人看他的"杰作"，但是禁不住强烈的好奇心，夫妇俩都想知道儿子在本子上写些什么。有一天晚上，趁李禾禾还在熟睡，他俩就找出他的本子来翻看，想不到被突然醒来的李禾禾发现了。

李禾禾立刻生气地说："你们在干什么？别乱翻我的东西！别动我的书包好不好？这是我的私人空间，你们应该尊重我的隐私权！"

李肇星夫妇立即住手，慌忙之中才看到本子上的一段话："未经本人同意，请勿擅自翻阅！"

夫妇俩顿时羞愧难当，这才意识到：孩子虽然小，但是他有独立意识，也需要有自己的私人空间。

从此，在李肇星家，父母和孩子彼此尊重，之间再没有发生互相干涉的情况。

在李禾禾年幼的时候，家中最显眼的地方常常放着钱。李禾禾很听话，从来不乱动爸爸妈妈放在桌子上的钱。因为年幼的李禾禾清楚这是父母的辛苦钱，也是全家的生活费，在没有父母的授权下，这些钱是不能随便乱拿的。

儿子的物品，李肇星夫妇也不会乱动，即便是李禾禾的房间有时候乱得一塌糊涂，他们也仅是提醒："你的屋子太乱了，该收拾收拾了。"绝不会趁机去打探孩子的隐私。

李肇星夫妇认为，只有把原本属于孩子的空间归还给孩子，尊重孩子的隐私，孩子有自己的选择才会去努力做好。李肇星夫妇说，这是李禾禾被哈佛大学录取的根本原因，因为他在安全的"自留地"里自由地成长，学会了独立生活。

最后，父母应该从身边的小事入手，把一些基本的为人处事的道理传授给孩子。

从小在外公家长大的默默，凡事都喜欢依赖别人，默默的房间从来都是乱七八糟的，她从来没打扫过房间。妈妈为此事说她，她就敷衍了事，草草地收拾一下，依赖别人的坏毛病并没有改变。

有一次，妈妈带默默去单位。到了单位后，默默被停靠在码头上的起重船吸引住了。"妈妈，那是什么？"默默指着远处巨大的起重臂，好奇地问。妈妈告诉她，那是单位的起重船，是获得国家级荣誉的先进船。

当母女俩顺着舷梯走进驾驶舱时，呈现在眼前的是各种明亮的仪表、一尘不染的驾驶舱玻璃、清洁的地板、摆放整齐的船舶资料，这些都令默默惊讶不已。

妈妈趁机说道："你看看，叔叔们每天要忙于工作，你眼前的这一切，全都是叔叔们工作结束后利用空余时间干的。"默默想到平日的自己，禁不住脸红了。

回到家后，默默在日记中写道："今天我看到起重船上叔叔们营造的干净、整洁的环境，感受到他们的敬业精神，我为自己的依赖、懒惰行为感到羞愧。从今以后，我要向叔叔们学习，从点滴做起，自己的事情自己做，绝不让外婆、妈妈为我操心。"

从那天起，默默每天做完作业，总是认真地把自己的房间、书桌收拾得整整齐齐。

由此可见，教育孩子单凭训斥、说教，效果是不大的，父母还应该善于运用榜样的力量。榜样会促使孩子不断地成长、不断地进步。此外，在日常生活中，父母随时应把做人的准则告诉孩子，只有这样，孩子才能在潜移默化中学会独立，摆脱依赖。

专家谏言：

家长需要清楚，溺爱是孩子成长过程中最温柔的陷阱。孩子各方面的能力一直得不到锻炼，就会丧失独立性。总之，对孩子的爱要恰当，要把握好尺度，不仅要有博大无私的爱，更要有理智和冷静的爱。家长理智地爱孩子，培养孩子健康的人格和独立性，将使孩子终身受益。

帮孩子摆脱依赖心理

> 我们虽可以靠父母和亲戚的庇护而成长，倚赖兄弟和好友，借交游的扶助，因爱人而得到幸福，但是无论怎样，归根结底人类还是依赖自己。
>
> ——歌德

现如今，绝大部分家庭都是独生子女，一个孩子身上汇集了全家几代人的关爱。而这样的孩子处于"宇宙中心"的地位。因此在家里，没有家长一勺一勺地喂饭，孩子就不肯自己进食；没有家长哄着，孩子就睡不着觉；没有家长陪着，孩子就不会玩耍……如果你家的孩子出现上述情况，那么无疑你家的孩子依赖性太强了。有依赖性的孩子，通常都缺乏责任心，遇到一点困难就把希望全都寄托在别人的身上，别人如果无法帮助还会产生怨恨。这样的依赖心理对孩子的成长会起到极其不利的影响。

1989 年 7 月 10 日，四川省的一位青年从 6 楼阳台跳下身亡，这位青年是某名牌大学计算机专业的学生贾某。

在别人眼里，贾某一直很优秀。从小到大，学习成绩一直名列前茅，每次考试结束后，他都会向老师问这样的问题："这次咱们班谁排名第二？"因为他坚信，第一名肯定是属于他的。这样的学生自然深受老师和家长的喜爱。为了贾某的学业，父母从不舍得让贾某干任何事情，只让他把全部精力放在学习上。贾某在父母身边是名副其实的"衣来伸手，饭来张口"。贾某对这样的生活不仅没感觉到无所适从，还为此感到沾沾自喜。十八九岁年纪的孩子，本应具备洗衣、做饭的基本技能，但贾某一样都不会。

1988 年 7 月，贾某以全县第一、全省第二的优异成绩被北京某名牌大学录取。9 月入学时，贾某怀揣着梦想登上了前往北京的列车。然而入学没多长时间，贾某就"麻烦缠身"，洗衣、买饭这些基本的事情不会做也罢，可他连上课的教室在哪里都不知道，人际交往能力更是一塌糊涂。虽然有很多同学都助贾某解决了这些生活上的问题，但贾某还是为此感到苦恼。久而久之，贾某产生了休学的念头，最后向学校申请了休学。

1989年7月份，贾某收到了学校寄来的复学通知书。贾某看着手中的复学通知书感到无比恐惧，因为他不习惯身边没有父母的生活，他没有信心能适应学校集体的生活，这种思想催生了他轻生的念头，最后他从6楼一跃而下。

贾某的事例值得我们很多家长深思，是否很多父母在对待孩子的教育问题上，单单重视了孩子的学习成绩而忽略了孩子的自理能力？我国著名教育家陈鹤琴先生曾说过："凡是儿童自己能够做的，应当让他自己做；凡是儿童自己能够想的，应当让他自己想。"这句话应该值得诸位家长深思。

具体来说，在纠正孩子过强的依赖性方面，建议家长从以下方面入手：

第一，让孩子做些力所能及的事情，培养孩子的自理能力。

让孩子过上舒适安逸的生活无可厚非，但家长不能忽视培养孩子的综合能力。家长一定要转变思路，明确孩子能做的事情，放手让孩子去做。

第二，父母应根据孩子的能力提出相应的要求。

在制定培养孩子自理能力的目标时，要根据孩子的年龄而为。如果设定的目标超出了孩子年龄的承受范围，孩子不但不能达到自理的目的，还会让孩子心理受挫。

第三，面对孩子的依赖心理，需要运用一定的策略。

一旦在孩子身上发现有依赖性的存在，父母就有必要在第一时间纠正。首先要明白是什么造成了孩子的这种依赖性，弄清了缘由，再制订相应的纠正计划。比如，孩子的赖床问题就让很多父母头疼不已，无数次叫孩子起床，可孩子就是无动于衷，最后，孩子上学迟到了。在对待这样的问题上，一位父亲就做得很好，他对女儿这样说："你要对自己负责，上学是你自己的事情，迟到了也应该由你自己承担责任，所以请你把闹钟调好，到点了就起床。"第二天，女儿听到闹钟声，就马上起床了。这位父亲对自己女儿的秉性很了解，只是通过一个言语上的技巧，就克服了孩子的依赖心理，这位父亲的做法值得很多父母效仿。

专家谏言：

　　从孩子幼年开始，随着他的生理发展，孩子的活动能力逐渐增强，相应地可开展锻炼孩子的独立自主能力的活动，这个时期是帮助孩子养成良好习惯的最佳时期。父母在不同阶段给孩子设立不同目标，让孩子去完成。当孩子看到自己能完成很多事情的时候，他们就会心生一种成就感和责任感，从而增强自己的独立性。

"残酷"的父母造就独立的子女

> 父母必须让孩子知道，在成长的道路上，不可能是一帆风顺的。成功往往是与艰难困苦、坎坷挫折相伴而来的。
>
> ——芭贝拉·罗斯

关于家风，关于教育孩子，不只在人类社会有着久远的传统，动物界里也有着同样的"家风"。在动物界里，狐狸育子的方法是十分杰出的。当一群小狐狸稍稍长大后，狐狸妈妈便逼着自己的孩子离开家，对那些想要回家的小狐狸又咬又赶，就是不让它们进家门，最后小狐狸们只好依依不舍地开始自己的独立生活。

这种方法看似残酷无情，却是最理智的教育方式！身为家长，也应该像狐狸妈妈对待孩子那样，当孩子到了自己独闯世界的时候，就应该让孩子独立生活，因为这将会让孩子一生受益匪浅。

小鹏的父母一直以来都对他呵护备至，如今他都大学毕业参加工作了，父母还是不肯让他单独居住。一天晚上，小鹏跟母亲聊天："我能有今天，都是您和爸爸的养育所致，我不知该怎么感谢你们才好。"说着，小鹏搬来一把小椅子，坐到母亲的对面，拉起她的手，眼里泛着泪光，继续说："有些事我敢保证你是不知道的。妈妈，如果把我的人生比喻成洋葱头，剥到最后就剩下了你们。"

小鹏这么一说，可把母亲吓得不轻，心想：孩子今天这是怎么了，言谈举止实在太反常了。于是父母细细观察他的一举一动，生怕孩子生了什么病。但过了好几天，父母发现小鹏的举止完全正常，就又放松了警惕。

过了一段时间，他们发现儿子已经多日没有回家，父母这时才恍然大悟，原来小鹏搬出去住了。之前他担心父母不放心自己，所以才提前给他们提个"醒"。

由此可见，父母要松开孩子的手是一件多么难的事呀！在父母的眼中，孩子再大也是孩子，因此，始终对孩子不放手。很多父母，看着当下好像是松手了，可过不了多久就会下意识地把孩子的手抓得更紧。

其实，孩子成长的阻力就是父母的过分呵护，原本孩子是能做一些事情的，但是长时间被父母呵护就会变成做不了任何事情。

蔡志忠是著名的漫画家，小时候他的父亲总是让他做自己喜欢的事，而不是按照自己的主观想法给他设置一个个目标，然后逼迫他去实现。蔡志忠上中学的时候，因为大多数时间都用来画漫画，分配给其他功课的时间很少，造成多门功课不及格，甚至面临留级的危险。与此同时，台北的一家漫画出版社邀请他去画漫画。然而蔡志忠不清楚父亲是否同意他放弃学业去画漫画。

一天晚上，父亲像往常那样坐在藤椅上安静地看报。忐忑不安的蔡志忠悄悄来到父亲的身后，他小声对父亲说："爸，我明天要去台北画漫画。"父亲并没有受到这句话的影响，他头也没抬，一边看报一边问："有工作了吗？""有了！""那就去吧！"在这一问一答中，父亲始终保持平静的语气，然后继续看他的报纸。

或许，当年的蔡志忠和他的父亲都未曾料到，那短短的对话，竟然成了决定蔡志忠一生的重要转折点。如果当初父亲不允许蔡志忠放弃学业去画漫画，或许他不会在漫画界取得举世瞩目的成就。

再看看我们身边大多数的父母，他们总是以"爱"的名义给孩子设计好未来的发展路线：从小好好学习，考上重点高中，然后考上名牌大学，找到理想的工作，买车买房，过上幸福的生活……然而，很多时候，这是对孩子的摧残和伤害。一些父母把孩子当成工具来实现他们没有实现的梦想。他们对孩子灌输了太多自己的主观想法，让孩子变成了他们想要的自己。

爱孩子，应该表现在尊重孩子的基础上，才会让孩子成为真正的自己。

如果视孩子如附庸一般，强迫他们去做不喜欢的事情，会让孩子在言听计从中慢慢丧失自己的本色，这样的教育是失败的。蔡志忠先生在父亲的影响下，在教育孩子上有了这样一个信念——让孩子快乐地成为他自己。

一次，因为夫人出差去法国，所以蔡志忠担负起了接送女儿的任务。那天，蔡志忠开车送女儿去上钢琴课，车到了学校门前，女儿却闷闷不乐地坐在车上，根本没有下车的意思。蔡志忠不明所以，于是问女儿："你怎么显得闷闷不乐呢？"女儿说："我最想学的是笛子而不是钢琴。可是妈妈却让我学钢琴，因为在妈妈看来，学钢琴比学笛子有用。"女儿刚说完，蔡志忠就直接开车带着女儿回家了。

显然，女儿还是有些顾虑的，她不禁问蔡志忠："可是妈妈把4 000块学钢琴的费用交了，如果不学钢琴，钢琴学校也不退钱，那该怎么办？"蔡志忠说："那只好算了。"女儿又追问："要是妈妈不同意怎么办？"蔡志忠说："宝贝儿，你的快乐才是最重要的！"

每个孩子都是家庭中的一个平等的成员，父母需要抛弃那种支配孩子、指挥孩子的错误观念，让孩子享受自由主宰自己的权利。父母请时刻牢记，顺应孩子的发展，有利于促进亲子之间的感情。

人和人是不一样的，别的小孩喜欢做的事情，未必自己的小孩也喜欢，因此不要强迫孩子去做什么，而要了解孩子的内心想法，摸清孩子的实际情况，让孩子做自己愿意做的事情。对孩子的兴趣爱好应给予充分的尊重，保护孩子的个性，鼓励孩子表现自己的特色；让孩子正视自己，勇敢面对自己的优点和缺点，才能够真正做到正确评估自己，进而才能踏踏实实地去做事情。

专家谏言：

塑造孩子良好的行为习惯，是家长给孩子最好的人生财富。自古娇儿难成才。"狠心"的家长才是真正爱孩子的家长。

让孩子的好习惯在家长的"懒"中养成

不能总是牵着他的手走，还是要让他独立行走。

　　—— 苏霍姆林斯基

　　如今的家长帮孩子包办了一切，连基本的家务活都不让孩子做。孩子想帮大人分担一些家务，大人便会说："你只要好好学习就可以了，干什么家务活。"其实家长这样做很不明智，如果孩子什么都不做，渐渐地就会疏远这个家。最好的方式是放手，家长要适当地"懒"，让孩子的好习惯在家长的"懒"中养成。

　　想想二十世纪七八十年代，当时的孩子各个都能够干家务，而且还孝顺父母。当时的教育和知识的普及远远不如现在，但那时的孩子为何会懂得这么多，都能独立自主呢？主要就是因为家风，代代传承，引导孩子要帮父母干活，而父母也会在孩子适当的时候给他们布置适当的"任务"，让他们承担起家的责任。这种父母的"懒"成就了孩子的勤劳和独立，但现在，因为家长对孩子过分的溺爱，这样的家风正在逐渐地消失。

　　一位母亲说："最近我的身体状况不大好，希望女儿能帮着做做家务，可说了好几次，她都无动于衷。再三催促，她却说：'我的任务是学习，你让我干家务活，谁帮我写作业啊！再说了，以前不让我干，我现在也不会啊！'哎，听了孩子的话，我挺伤心的。"

　　有个孩子，从小到大都在父母无微不至的关怀下长大，什么事情都不用她操心。等到进了大学，离开了家，离开了父母，孩子突然发现什么事都要自己做，可自己却什么都不会。记得第一次洗衣服时，她只洗了一件衬衫却倒了半袋洗衣粉。加水后，满满一盆全是泡沫，来来回回洗了二十几次都没洗干净，衣服上还残留着很多泡沫。结果，一件衬衫花了一个多小时才漂洗干净。孩子在心里埋怨父母，为什么以前不教她做，害她在同学面前出丑。

可见，父母平时一定要让孩子多做他力所能及的事，培养孩子的生活自理能力，以免将来大人和孩子都苦恼。

父母千万不要把孩子自理能力这个问题看成是小事，自理能力关系到孩子一生的幸福。自理能力差的孩子，遇到困难就会退缩，久而久之就会形成心理上的自卑；而自理能力强的孩子，遇到任何困难好像都难不倒他，因为他对自己充满了信心，他会想尽一切办法来应对困难。

自理能力和其他能力一样，都需要父母从小培养。父母的娇惯是孩子自理能力不强的罪魁祸首。父母太勤快，把所有的事情都打点好了，孩子就只剩坐享其成了。孩子什么都不干，自然缺乏自理能力，更不可能自立，这样是很难应对今后激烈的社会竞争的。如此一来，孩子只会贪图享受，势必会为他日后的生活带来苦恼。

父母不可能为孩子"服务"一生，学"懒"点，有利于培养孩子的生活自理能力。孩子力所能及的事情就让他自己去做；孩子力所不能及的事，家长也可以放任不管，借机培养孩子尝试新鲜事物的能力。做个"冷酷"的家长吧，把孩子贪图享乐的习惯"一网打尽"。不要怕孩子吃苦，现在孩子吃的苦，是为了日后的幸福。

看看下面这个被肖斌称为"懒妈妈"的"懒"家长是怎样教育孩子的：

肖斌小学二三年级时，妈妈就开始教他洗小衣物。一开始，肖斌不会，妈妈就坐在旁边教他换水、漂洗。

四五年级了，妈妈开始让肖斌拖地板。看着肖斌脸颊上挂着的晶莹汗珠，妈妈虽然心疼，却没有表现出来，只是说："儿子，你今天拖的地板，比妈妈拖的都干净。"

肖斌六年级时，妈妈开始让他洗自己的衣服。开始几次，肖斌说累，还抱怨妈妈："爸爸都那么大了，你还帮爸爸洗，怎么不帮我洗？"妈妈说："你都十二岁了，很快就读寄宿中学了。妈妈提前让你具备生活自理的能力，到时候你才能得心应手呀！至于爸爸，你奶奶说他上小学五年级的时候就能帮全家人洗衣服了！呵呵，男子汉一屋不扫，何以扫天下？"

就这样，在妈妈的引导下肖斌养成了自理的好习惯。上寄宿中学后，他一切应付自如。

孩子不可能永远在父母撑起的保护伞中生活，过度的保护只会让孩子在犯错后不知悔改。与其将全部精力花在呵护孩子平安上，倒不如抽出一部分精力培养孩子的受挫、抗挫的能力。

生活能自理的孩子，将来才能成为一个独立的人。父母应该依照孩子的自身能力，耐心引导孩子，给他一些自己做事的机会，做得好则给予鼓励。最开始的引导，肯定会遇到很多问题，但孩子慢慢长大后，很可能就是你的得力助手。

专家谏言：

著名教育家陈鹤琴先生提出：凡是孩子自己能做的事，应当让他自己去做。其实，要想使孩子在人生的道路上走得更稳、更健康，为人父母者不妨"懒"一点。当然这个"懒"，应该在"有心"的基础上。

不能自立，孩子永远无法长大

> 赖其力者生，不赖其力者不生。
>
> ——墨子

　　"我想让我的孩子离我近一些，不想让他离开广州半步。但孩子理想中的大学又不在广东，这可让我如何是好。"这是一位单亲母亲在向某报热线的哭诉中说的话。在热线中，这位母亲的"分离焦虑"体现无遗。每年高考后都有很多父母为孩子的事苦恼着，一方面怕孩子考不好，一方面又怕孩子考好了到远方去上学，在生活上照顾不了自己。一位工作经验非常丰富的老师认为，"虽然家长担心远方的环境会让孩子无所适从，但实际上是家长离不开孩子的心理在作祟"。

　　心理学专家认为，父母对孩子的"依赖症"，同样也需要一个"戒除"的过程。孩子迟早要远行，父母必须在情感上与孩子"断奶"，早日让孩子学会走。对于孩子来说，在他很小的时候，他觉得父母是最可靠的安全屏障，能够保护自己免受一切打击与伤害。而且在很小的时候，幼儿确实需要在这样的心理安全网的保护下，逐步建立起自信与自卫能力，最终脱离父母的安全网，成为一个有心理防护能力、有独立性的人。因此对一个幼童来说，出现十分依恋父母，离开父母就心神不定的情况是正常的。但是随着年龄的增长，这种现象应当越来越少，否则就是父母不肯放手，或不懂得放手。其实，待孩子稍大一点，可以让孩子到亲戚家，走出迈向独立的第一步。

　　艳艳长到近四岁，一直没离开过母亲。一天，外婆带着孙女甜甜来到艳艳家小住。这期间，艳艳和甜甜玩得很好。住了几天后，外婆和甜甜打算回去，临走时，甜甜热情地邀请艳艳去她家玩，艳艳高兴地答应了。艳艳的母亲是位很开明的家长，知道女儿迟早有一天要走出去，正好现在就是一个锻炼的机会，因此她很支持女儿去外婆家。在去之前，母亲对艳艳说："妈妈不会跟你一起去，要是想妈妈了，可以打电话给妈妈。还有，这次虽然妈妈不在你身边，但是晚上有外婆陪你睡觉。"艳艳高兴地说："好。"母亲把她们送上车，艳艳坐在座位上，愉快地跟母亲挥手再见。看着渐行渐远的车影，母亲还是有点小小的担心，不知女儿会不会对陌生的环境感到不习惯。

当晚，母亲就给艳艳打了电话，可艳艳在电话那头没有表现出一点儿不适应的状态来。倒是母亲觉得心里空落落的，现在忽然少了个小人儿在身边叽叽喳喳，屋里安静得有点不适应。但她转念一想，这次的锻炼就是希望女儿能顺利地走向独立，离开母亲的羽翼。于是，她又放下心来。

次日下午，母亲又给艳艳打电话，艳艳说外婆出去了，她感到有些不习惯。艳艳又问母亲怎么让她在甜甜家待这么久，一点儿接她的意思都没有，说着说着还哭了。

母亲安慰艳艳说："外婆很快就会回来，你需要一点儿耐心。过几天你就能见到妈妈了，在这期间艳艳如果想妈妈了，就给妈妈打电话呀，这样妈妈就能陪着你说话了。艳艳真棒，第一次离开妈妈就表现得这么坚强，妈妈要把这件事情好好记在日记本上。"

听母亲这么说，艳艳很开心，又跟妈妈说了她在外婆家见到的很多没见过的事物。讲到这些新奇事物的时候，艳艳马上转变了语调，再也没有哭腔而是发出阵阵的笑声。母亲问："你感觉在外婆家生活得怎么样？"艳艳愉快地说："我每天都特别高兴。"

最后说再见的时候，艳艳非常愉快和轻松，完全没有了心慌。母亲放下电话，感觉一阵轻松。

这个母亲的做法是很好的，她让孩子离开自己，孩子不会感到自己是被迫的、痛苦的、压抑的，而是自愿的、轻松的、愉快的。孩子对母亲只是想念和依恋，而不是依赖，一直以来，母亲给女儿的都是宽松的爱、最大限度的自由，建立了稳固的安全感，这一切都取得了积极效果。

孩子的内心都有一种积极向上的心理，如果孩子想要自己独立地完成某件事，家长就应尊重孩子的意愿，不要插手，相信孩子，让孩子自己慢慢地去做，给孩子锻炼的机会，不要总是对孩子说"你还小""你不懂"诸如此类的话。孩子的成长速度远远超过成人的想象，很多成年人认为孩子完全没有能力做到的事情，孩子可能做得游刃有余。因此，父母应当懂得放开手，让孩子去锻炼自立能力。

自食其力的孩子小的时候便极具责任心，能够替父母分担很多东西，等到长大进入社会之后，肯定可以具备较强的个人能力，在社会中做到游刃有余。

父母陪不了孩子一辈子，未来的路还得他自己去走。既然孩子的人生路迟早要自己走，父母不妨现在就为孩子将来能走好自己的人生路多做一些准备，多创造一些机会。像上文所提去外婆家就是一个不错的选择，是孩子走向独立的一个良好过渡。

需要注意的是，送孩子到亲戚家，也要抓住时机，最好是孩子愿意去，特别是主动提出来时，再让孩子去会好一些。切记，不要把孩子强行地送到亲戚家，逼着他独立。这样会让孩子感到痛苦和焦虑，时间久了，孩子会变得木讷。平时要给孩子无条件的爱、最大限度的自由，这样孩子才能真正成为自由翱翔于天际的"雄鹰"。

专家谏言：

缺乏自立能力的孩子是永远也长不大的。一个人如果在他的幼年时期事事依赖他人，没有自食其力的能力，那么他在进入社会之后往往会无所适从，更难以有大作为。

第四章

磨字诀：没有风雨，何来彩虹

每个人都喜欢舒舒服服的顺境，不喜欢逆境。尤其是现在处在"蜜罐"中的孩子，不愿意经受一丝苦难，家长更是为孩子撑起了多重保护伞，生怕自己的宝贝遭遇逆境，受苦受累。

其实，让孩子面对磨难，经受挫折，在逆境中锻炼自己，才是中华民族一直传承下来的优良家风。对孩子来说，一味生活在顺境中不见得是件好事，这样的孩子经不起一丝的苦难挫折。逆境可以磨炼人的意志，增长人的才干。

不经历风雨，怎能见到彩虹

> 挫折教育并非只是让孩子过过苦日子，干点苦活，挫折教育的重点在于，培养孩子直面挫折的坚强品质。
>
> ——刘大伟

挫折，是事情超出预期时的一种心态和感受。每个年龄段的孩子都会有不同的挫折经验，同样在挫折面前的表现也不同。在中华民族优秀传统文化中，挫折教育一直是家庭教育中不可缺少的一种家风。

人生在世，难免遭遇挫折。对年纪小的孩子来说，失去最想玩的玩具，或是想吃零食的时候妈妈却加以阻挠，这些都可导致孩子挫折感的形成。小孩子通常是通过哭闹或是发脾气的方式来表现挫折感。而当孩子年纪大一点，他们挫折感的来源就不一样了，他们遇到那些和自己预期的不一样的事情发生时，会更加表现出生气、沮丧等多种负面的情绪。

挫折对于孩子而言是无法避免的。既然挫折是无法回避的，家长就应该培养孩子面对挫折和战胜挫折的能力。那么，什么样的方法才能帮助父母引导孩子战胜挫折呢？适当的挫折教育就是最好的方法。挫折是一种财富，是成功必然经历的阶段，因此，父母必须指导孩子学会直面挫折。

家长培养孩子自信时最需要注意挫折教育的方式。家长在孩子遭受挫折时没能给予正确引导，孩子就会丧失信心，遇事变得软弱。家长要合理地引导孩子，让他学会坦然面对挫折，培养其对挫折的承受力和战胜挫折的意志力。但也不要让孩子太轻易成功，如果总是成功，孩子会觉得自己比别人都强，结果导致孩子自大自负，目空一切。

大多数孩子遭遇挫折后很容易产生消极情绪，面对挫折他们往往选择的是逃避的方式。比如，有的孩子在大考当天忽然就会拉肚子或发烧，这种孩子都有一个错误的逻辑，怕受挫折，害怕失败，他们认为放弃就不会失败。能改变这种情况的唯一手段就是父母在孩子遭遇挫折时，应当教育他们要勇敢面对挫折，要有战胜挫折的勇气和信心。与此同时，父母还要叮嘱孩子不要担心失败而畏首畏尾，要放心大胆地去干。失败一点儿也不可怕，也没有什么大不了的，失败了可以再来。

父母要引导孩子在不断的失败、不断的挫折中磨炼自己的意志。当孩子在不断的困难当中经受磨砺并战胜困难，他们的勇气会得到激发，战胜困难的欲望也就愈发强烈。这样，恐惧心理也就随之消失，而且越挫越勇，这时孩子已经完全具备了抗挫折的能力。

心态决定一个人的命运，一个人具有良好的心态就具备在任何环境和条件下生存的能力。那些在逆境中成长起来的人往往比常人更加具有竞争力。

美国著名心理学家特尔曼教授和他的学生柯克斯博士曾对 300 多位伟人进行了分析与研究，发现这些伟人无一例外都具备了积极乐观的性格。对于青少年的成长来说，积极乐观的性格对他们的影响是巨大的。

有这样一个故事：

一个背负沉重行囊的年轻人不远万里来拜访无愁大师，他说："大师，我很孤独、痛苦，经过长途跋涉，我现在已经是疲惫不堪了。我的鞋子破了，荆棘割破了双脚，手也受伤了，血流不止；嗓子也变得嘶哑……为什么我还不能找到心中的目标？"大师问："你背上的包裹里装的是什么？"青年说："这个包裹对我来说太重要了。里面装满了沿途所有的痛苦……也正是靠它我才找到了您。"

大师将这个年轻人带到河边，并划船渡过了这条河。上岸之后，大师对这个年轻人说："这条船归你了，你把船扛上赶路吧！""什么？扛着船赶路？"年轻人感到万分惊讶，"船那么沉，我扛得动吗？"大师微笑着说："是的，孩子，你怎么可能扛动它呢？船在我们渡河时是有用的。但过了河，我们就要放下船赶路，否则，它就会成为我们的累赘。痛苦、孤独、眼泪、灾难，这些对人生都是有用的，它能让我们从中受益，但要是紧紧抓住这些不放，它们就会成为包袱。学会放下吧！孩子，生命不能承受太多负重。"听完大师说的这些话，年轻人有了感悟。正如大师所说，人生的旅途中不必背负太多。

教育孩子的过程也是一样，我们一定要时刻提醒自己帮助孩子放下那些不必要的负担。家长要教育孩子不要因为小有成就就骄傲，也不要因为遇到困难而打退堂鼓，因为这两种情况都会造成不良后果。父母要帮助孩子及时化解那些因为挫折而产生的种种悲观情绪、不良情感或心理障碍，使孩子形成乐观自信的性格。

很多父母持这样一种观点，他们认为越是年龄小的孩子，其心理承受能力就越弱，所以不敢让孩子遭遇过多的挫折。其实，挫折对孩子而言还是有帮助的。能够经得起挫折并能战胜挫折的孩子，往往从挫折中塑造了良好的性格，同时还提升了他们实际应对事物的能力。所以，家长有义务让孩子对挫折有清晰和正确的认识，继而引导孩子正确面对挫折。父母也可以将自己曾经遭遇挫折和战胜挫折的经历告诉孩子，进而用这些事例暗示和引导孩子战胜挫折，培养他们面对挫折的勇气和信心。

专家谏言：

叔本华说过："事物的本身并不影响人，人们只受对事物看法的影响。"一旦孩子受到对事物看法产生的影响，那他的生活就会发生巨大的变化。心态可以影响孩子在未来的道路中如何看待事物以及他的认知程度。只有真正积极的人生态度才能帮助孩子最终战胜生活中遇到的各种问题，能帮助他们更好地发掘自己的潜能，走上成功的道路。

适当的压力可激励孩子进步

> 钢是在烈火和急剧冷却里锻炼出来的，所以才能坚硬和什么也不怕。我们的一代也是这样在斗争中和可怕的考验中锻炼出来的，学习了不在生活面前屈服。
>
> ——奥斯特洛夫斯基

玩过篮球的人都知道，拍篮球时，用的力气越大，篮球就会跳得越高，这就是"拍球效应"。它的寓意是说一个人如果承受的压力较大，他的潜能就会发挥得较高，反之，如果承受的压力较小，潜能的发挥程度也就较低。压力较小，人会处于松弛状态，潜能发挥不出来，因而工作效率低；当压力逐渐由小变大时，压力会转变成一种动力，激励人们努力进取，迎接挑战，因而提高了工作效率。当然，人对于压力的承受力也是有限的，如果压力大到超过人的最大承受力，它就会变成阻力，效率也就降低。只有压力约等于人的最大承受能力时，人的潜能才会发挥得最好，效率也就最高。

科学研究表明，我们想要保持良好的状态需要适度的压力来刺激，这样不仅有利于我们挖掘自身的潜能，还能提高自身的生活品质和整体效率。举例来说，运动员们在比赛前，往往都会给自己适当的压力，将自己的状态调整到适度紧张这个"档位"上，这样才能让自己处于最佳状态，赛出最好的水平；而如果给自己太大的压力，则连平时的水平都发挥不出来。还有的就像那些参加考试的学生们一样，如果在考场上感受到适度的压力，他们就能充分调动自己的大脑，把之前储备的知识发挥出来，考取好的成绩。可见，适度的压力对于挖掘人的潜力资源，促进社会发展进步，具有非常积极的意义。

一艘轮船在返航途中遭遇了巨大的暴风雨。水手们为此感到惊慌不安，唯独老船长表现得很镇定，他命令水手们打开货舱，让水涌进去。

"船长这样做不是在自寻死路吗？时间一长船就沉入大海了。"一个年轻的水手向其他的水手抱怨道。

感觉到老船长的严厉与坚持，水手们不敢怠慢，赶紧把货舱打开，海水不断地灌进来，这时货舱里的水位越升越高，船也在一寸一寸地下沉，外面依旧狂风骤雨、巨浪滔天，可是船逐渐变得平稳了。

老船长松了一口气，对年轻的水手们说："百万吨的大轮船很少能被风浪打翻，被打翻的往往是轻飘飘的小船。其实，船在负重的时候最安全；如果船很轻，没有载重，往往最危险。当然，船的负重由它的承载能力决定，想要抵挡暴风骤雨的袭击，还得依靠适当的压力才行，如果负重超出船所能承受之重，那么它就会像你们担心的那样，消失在海中。"

"拍球效应"的作用在上述这则故事中显现无疑，正是因为船有了适度的负重，才得以幸免于难。我们的生命就像这条大船，如果没有一点压力，得过且过，往往会在人生的狂风大浪中被打翻。如果负荷过重，虽然不会被风浪击倒，但是一生碌碌无为。同样，孩子的成长也要遵循"拍球效应"。在孩子的学习生活中，如果承受的压力过小，长期处于松懈状态，学习成绩肯定不会好；如果承受的压力过大，长期处于紧张状态，效率就会越来越低。

因此，作为家长必须科学运用"拍球效应"，采取有效的措施，既不要给孩子过大的压力，对孩子设置过高的目标，提出过多的要求，也不要给孩子过度的自由空间，放任自流。父母要正确地指导、帮助孩子，给孩子适度的压力，让孩子学得愉快、学有所成。

有些父母会说："我并没有给孩子设置高标准，提过分要求，我只是对他关心而已。"殊不知，对于孩子来说，过度的关心也是一种压力。孩子的内心非常敏感，由于身心发展不成熟，他们不懂得如何处理外来的压力，只会把父母的关心转变成自己内在的期望值，这样子反而把自己弄得更加紧张。一旦发挥失常，他们内心无法原谅自己，很容易钻牛角尖，继而产生自卑、消极、逃避的心理。

一天，庙里的厨师让小和尚去山下打油，在给了小和尚钱和油碗之后，厨师一遍遍地警告小和尚："你要加倍小心才是，碗里的油不能洒出一滴来，不然回来罚你做一个月的苦力。"

　　小和尚边答应边接过东西，心惊胆战地出了寺门，下了山。打好油后，小和尚小心翼翼地捧着碗，踏上了回寺的路。一路上，厨师严厉的表情和告诫萦绕在小和尚的脑海之中，每一步都走得不是很安稳。

　　眼看就要到寺院门口，没想到小和尚一不留神，落脚不稳，手中的碗一倾斜，油顿时洒掉了一半，他紧张地手脚直发抖，心想等见到厨师时，一定要挨骂受罚了。

　　厨师果然很生气，他怒不可遏地训斥小和尚："反复交代你那么多次，一定要小心，居然洒了这么多油！罚你做一个月的苦力！"

　　小和尚难过地哭了起来，这时恰巧方丈经过，他了解事情的原委之后，慈祥地擦了擦小和尚的眼泪，对他说："你现在再次下山一趟，还是去打油，不过这次，我要求你多留心路上的事物，回来要和我描述一下。"

　　小和尚端着碗再次下山打油。在回寺的路上，他遵照方丈的嘱咐，细心地观察路上的风景：迷人的梯田，雄伟的山峰，耕作的农夫，嬉戏的孩子，还有白发苍苍的老人在路边下棋……

　　就这样，小和尚不知不觉地回到了寺院。当把油碗交给方丈时小和尚才发现油居然没洒出来一滴。

　　原来，厨师严苛的嘴脸，让小和尚压力过度，紧张兮兮的小和尚最终还是在寺院门口把油洒了；而方丈的"观察任务"，让小和尚自然放松，结果碗里的油一滴没洒。

　　同样，父母教育孩子也是如此，父母可以对孩子有要求，但千万不要给他们太大的压力。孩子只有心情放松地学习、生活，才能做到"一滴不洒"。事实上，尽管孩子的年龄小，可他们是一个独立的人，有自己的意识、判断，他们希望得到尊重，希望自己的生活自己做主，所以家长应该给孩子充分的自由，让他们自己设定生活目标，父母在一旁给予指导和帮助，千万不要本末倒置。当然，做到这一点并非易事，需要父母对孩子的综合素质和心理承受能力有一个正确的评估，同时改变"压力越大，效率越高"的错误观念。多方面观察孩子、了解孩子，从孩子身上找到一个"黄金分割点"，以此为标准。孩子压力小时就适度增加压力，孩子压力大时就为孩子减小压力。

与那些过度施压的父母不同，有些父母教育孩子时，总担心孩子承受不了压力，所以对其放松要求，甚至没有要求，对孩子的学习、生活听之任之，其实，这种教育方法也存在一种误区，如绝对的高压会导致教育失败一样，绝对的宽松也会耽误孩子的前程。

人们常说："井无压力不出油，人无压力轻飘飘。"的确，孩子需要父母的支持，如果父母寄予孩子一定的期望，给孩子适度的压力，孩子会感受到父母的关爱和鼓励，在建立自信心的同时，把它们内化为前进的动力，这对于挖掘孩子的潜力大有益处。

科学研究表明，人只有 5% 的潜能得到了开发、运用，剩下的潜能还有待开发。适当的压力能够调动孩子的积极性，让他们变得更自信，激发孩子无穷的潜能，锻炼他们的能力。

所以，家长要适度地给孩子增加一些压力，按照成长的不同阶段进行调节，使孩子在张弛有度的环境中茁壮成长。

首先，父母要对孩子抱有合理的期望。孩子的压力就是父母的期望值，压力的大小取决于孩子父母。如果期望值过高，不切实际，孩子的自信心受挫，会开始怀疑自己、轻视自己，产生失望情绪，放弃努力，最后自暴自弃。如果期望值过低，对孩子不予理睬，孩子会放松心态，变得消极颓废，缺乏上进心，自甘落后。因此，家长要根据孩子的实际情况来确定自己的期望值，孩子稍加努力后就能实现的就是最好的期望值。

与此同时，有了恰当的期望之后，孩子需要一步步地实现它。俗话说"一口吃不成胖子"，父母千万不要急于求成，要调整自己的心态，只有自己先平静下来，孩子才能够轻松。父母不要要求孩子一步到位，要留给孩子喘息的空间，让孩子脚踏实地、一步一个脚印地往前走。

其次，施压的同时，给予孩子相应的支持和鼓励。实际上，孩子的承受能力很多时候取决于家长的支持和鼓励。如果孩子的成长既没有压力也没有支持，他很难有什么出息。因为没有足够的压力推动他前进，没有相应的支持鼓励他努力，他的潜力发挥不出来。除此之外，孩子处于高压而又缺少支持的情况下，结果将会是一事无成。假如孩子处于低压且支持巨大的情况下，结果还不是很乐观，孩子会变得沾沾自喜、好高骛远，根本不可能成功。

孩子的成长需要压力，同时也需要父母的支持。适当的压力与支持，可以让孩子在前进的过程中有勇气、有信心地接受挑战、战胜困难。对孩子的支持不一定表现在具体某件事情上，而是用恰当的方式让孩子感受到父母的关爱，例如，温和的语气、身体的接触可向孩子传达关心，缓解孩子的压力，帮助其建立自信。

另外，父母一定要明白：施加压力不是虐待心灵。父母给予孩子适当的压力是正确的，但是这和虐待孩子是两码事。在我们周围经常发现，父母为了让孩子进步，采用讽刺、挖苦、嘲笑、威胁甚至恐吓的方式，事实上这是对孩子幼小心灵的摧残，这种做法会给孩子的心理造成巨大创伤，孩子时时刻刻处在对自己的否定当中，觉得自己一无是处，久而久之，孩子性格会变得自卑、内向、焦虑、压抑，心灵会发生扭曲。

父母应该给予孩子足够的爱和尊重，关心孩子，理解孩子，以平和的心态、温和的语气与孩子相处，和孩子交朋友，一同分享欢乐，分担痛苦。这样孩子的表现会与以前大不相同。

其实，压力就像空气，没有人能在真空中存活。的确，入学、升学、就业、升迁……孩子成长的每一步都是压力催生的产物。没有压力，人的一生就会平淡无奇。生命原本是丰富多彩的，任何人都不愿意自己的生活一成不变。因此，父母要让孩子懂得在尽情享受成功喜悦的同时，应当感谢当初令人头疼不已的压力。在品尝一帆风顺的快乐时，也要欣然接受压力带来的痛苦和磨炼。

专家谏言：

事实上，压力会伴随我们的一生，任何人都无法避免。人们常说：有压力才有动力。的确，一个活在没有压力的环境下的人，将会很颓废、消极、懒惰，也很难有进步，如同没有落差的水一样，不会流动。

天才长在恶性土壤中最好

> 瓜是长在营养肥料里的最甜，天才是长在恶性土壤中的最好。
>
> ——培根

能在逆境中奋起的人，才有资格决定自己的人生。狂风大浪中造就了精悍的水手，硝烟弥漫中英雄辈出。没有逆境，想要出人头地就是天方夜谭。

法国前总统戴高乐曾说："困难，特别吸引坚强的人。因为他只有在拥抱困难时，才会真正认识自己。"是的，几乎每一个杰出人物的成功都离不开困难的磨炼，只有战胜困难，才可能成功。

球王贝利的第一个孩子出生时，记者向他道贺说："你儿子如此强壮，将来也一定会像你一样成为一名世界级球星。"谁想到球王贝利却做出了这样的回答："动物园里的狮子是不会自己打猎的。我儿子不具备成为优秀球员的条件，因为他现在的生活环境太好了，他不缺乏物质条件就丧失了竞争意识，而在我的成长阶段，我的家庭是十分贫穷的。"

不经一番寒彻骨，怎得梅花扑鼻香。正是因为贫寒的家境造就了日后的贝利。他对梦想执着前行，为了梦想而努力奋斗，终于在逆境中崛起，最终获得球王的美誉；而他的儿子就像是温室中的花朵，想要达到他父亲那般的高度是很难的。可见，逆境是强者的成才之路。

林肯9岁丧母。22岁经商失败。23岁，竞选州议员落选。同年，工作丢失。想就读法学院，却未被录取。26岁时，未婚妻不幸去世，林肯精神崩溃；27岁时，卧床六个月；29岁丧失了州议员的发言人的机会；31岁争取成为选举人，落选；34岁在国会大选中失利；37岁在国会大选中获得成功。任职期间颇有作为。39岁时连任失败；40岁被土地局拒之门外；45岁在美国参议员竞选的道路上以失败而告终；47岁，竞争副总统失利；51

岁时成功当选美国总统。林肯是美国最优秀的总统之一。

林肯的人生大起大落，好在他没有气馁，能乐观地面对失败并战胜失败，在逆境中不断前行的他练就了坚毅的性格，最终在逆境中赢得了成功！

一颗坚定不移的心会让人战胜困难，最后获得成功。

明代大学士宋濂，出身贫寒，因为买不起书他只好借书苦读，当借到书后他就会做大量的笔记。寒冬腊月，手冻得都伸不出来，但他仍旧坚持做笔记。为寻师求学，他不远百里，不畏严寒，"负箧曳屣行深山巨谷中"，最后回到家的时候，手脚已经不能活动了。就是在这种艰苦条件下成长起来的宋濂终成一代大学问家。

逆境和每一个人都有着千丝万缕的联系，越不是沃土，越能长出罕见的花朵，能够战胜逆境的人就像是一只翱翔于天际的苍鹰，孤独而美丽。

一位父亲带着儿子去参观凡·高的故居，在看过凡·高那些破旧的家具后，儿子向父亲提出了这样的问题："凡·高不是很有钱吗？怎么住得这么寒酸？"父亲答："凡·高是穷人，他一生连妻子都没娶上。"第二年，父亲又带着孩子前往丹麦参观了安徒生的故居，儿子又向他发问："安徒生的家不是在皇宫里吗？"父亲答："安徒生生活在阁楼里，他是个鞋匠的儿子。"这位父亲的职业是水手，伊东·布拉格是他的儿子，后来他的儿子成为了美国历史上第一位获普利策奖的黑人记者。

伊东·布拉格在对凡·高和安徒生的人生有了深刻的认识后，他明白了只有自信和勇敢地去实践才能战胜一切困难。

有句话说得好："穷人的孩子早当家。"现如今毕业大军涌向社会后，一时半会难以找到很理想的工作，有些人会选择告别生活和学习四年的地方，回原籍过相对压力小的生活；还有一部分人，因为家里供自己四年大学已经债台高筑，全家人都指望着自己改变家庭的命运，他们在生活的逆境中挣扎着、努力着，也在因逆境中激发着潜力，他们就是这样抱着勇往直前的信念走向了成功。也许在多年以后回首往事，他们会感激在逆境中努力的自己。所以逆境是一面双面镜，你要看到它积极的那一面，很多积极的因素都是因为它而激发，正确看待了逆境也就离成功不远了。

苦难是暂时的，幸福也只是暂时的，人们会因为逆境而激发出惊人的能量。逆境并不可怕，悲哀的是你看不到蕴藏在逆境中的机遇，如果你只看到了它消极的一面，那么你只会消极地走下去，直至尽头。如果你看到了它积极的一面，那么积极的因素将会带你走向越来越高的人生高度。

总而言之，逆境是人生中一笔宝贵的财富。能战胜逆境的人往往能自如应对一切环境。所以，孩子成长必经的阶段中需要面对逆境。家长要让孩子学会怀揣着一颗感恩的心面对逆境，让孩子明白逆境是提升一个人能力的契机，只有战胜了逆境才能迎来人生中一个又一个的巅峰。

专家谏言：

我们脚下的路不可能是一番坦途，难免会遇到崎岖和坎坷。遇到这些难走的路时，我们只要坚定自己的信念，鼓起战胜困难的勇气，就能成为人生真正的赢家。

锻炼孩子良好的心理承受力

> 从长远利益考虑，让孩子从小适度地知道一点忧愁，品尝一点磨难，并非坏事，这对培养孩子的承受力和意志，对孩子的健康成长或许更有好处。
>
> ——东方

在这个快速发展的社会里，成长中的孩子会遇到方方面面的压力，比如学习成绩差、考试分数低、升学时发挥失常等，这些都会给孩子带来心理压力。尤其是那些性格内向、之前有犯错经历的孩子，他们的压力会比其他孩子还要大。所以，培养孩子良好的心理承受力至关重要。

据媒体报道，湖北省荆州市的一名女高中生，平时成绩很好，也乐于帮助同学，老师和同学们都很喜欢她。但是因为在一次考试中帮助同学作弊，被老师发现并赶出考场，结果压力巨大的她选择了轻生之路。

事实上，这种悲剧的产生与孩子缺乏必要的承受能力有很大的关系。所以，如果父母在生活中对孩子给予面面俱到的关心和保护，就会使孩子失去经受困难与挫折的机会，这对培养孩子的心理承受力是没有好处的。生活在这种环境中的孩子也许表面上个性十足，但是其内心很可能十分脆弱，就像空心的蛋壳，稍一用力，就成了碎片。

8岁的胡瑞上小学二年级，他原本是一班之长，但是因为不小心犯了错误，被老师撤了职。为此他万念俱灰，认为老师对他心存偏见，同学们也不再喜欢自己了。于是同学们看他时，胡瑞就认为那是在嘲笑自己。而那段时间爸爸妈妈工作繁忙，也没有时间和精力管他。

后来，胡瑞上课的时候和同学说话，老师说了他几句，胡瑞居然跟老师辩解起来。老师把他狠狠批评了一顿，这让胡瑞感觉非常委屈。回到家他忍不住哭了，可是爸爸妈妈不但没有安慰他，反而骂他。他觉得坐在教室里特别难受，他不想上学了。

近年来，关于中小学生离家出走和自杀的新闻频频见诸报端，但究其原因却都是些微不足道的小事。这主要是因为当孩子缺乏心理承受力时，压力就成了孩子可怕的敌人，孩子容易产生心理障碍。所以，父母应该及时关注孩子的心理变化，多与孩子交流谈心，当孩子遇到不如意的事情时，要耐心开导孩子，让孩子变得坚强起来。最重要的是，在日常生活中，父母要有意识地培养孩子的心理承受力。

第一，尽可能地让孩子决定和独立处理自己的事。

许多孩子生活在舒适、优越的环境中，他们习惯了依赖父母，所以当他们真正面对学习和生活中的各种压力时，往往会不知所措。因此，父母应尽量让孩子独立自主地决定和处理自己的事情。只要孩子基本上能做到的，就要鼓励孩子大胆去尝试，即使失败了也没有什么。

第二，尽量不要刻意奉承孩子。

很多父母喜欢过分赞扬孩子，有时候为了让孩子开心，他们还会刻意说些奉承孩子的话。即使孩子做了一件本该他做的事情，父母也会对孩子赞不绝口；当孩子犯错时，父母担心孩子会为此产生压力，就绞尽脑汁地帮孩子找理由。这会使孩子变得以自我为中心，任性、虚荣、受不得半点委屈。难以想象，当这样的孩子遭受挫折和压力时，他们能否面对和承受。

第三，及时地排解孩子的心理压力。

生活中，孩子经常会面对一些难以承受的事情，如成绩差，被他人威胁、侮辱、打骂等。这时父母应该及时帮助孩子排解压力。常用的方法：

1. 跟孩子谈心，帮他们解开思想的疙瘩。

2. 对孩子做出适当的承诺，消除孩子的顾虑。

3. 和孩子一起分析失败的原因，指导孩子解决问题。

4. 鼓励孩子自信坚强，帮助孩子化解心理压力。

5. 对孩子表示关心和信任，相信孩子下一次能做好。

6. 把孩子引向其他方面，转移孩子的注意力，例如孩子擅长乒乓球，父母可以和孩子打乒乓球，让孩子从中找到自信。

第四，有目的地锻炼孩子的毅力。

父母可以和孩子一起参与体育活动，这有利于培养孩子的意志品质；通过组织各种兴趣活动帮助孩子树立自信；在生活中帮助孩子树立正确的竞争观；有时，刻意给孩子制造一些麻烦，锻炼孩子承受挫折的能力；当孩子遭遇挫折的时候，要以鼓励为先，教育孩子"得之不喜，失之不忧"，让孩子用平和的心态面对学习和生活，这样才能经历未来的风风雨雨。

通过以上这些方法，父母可以很好地培养孩子的心理承受力。让孩子坚强勇敢地面对学习和生活中的各种困难和挫折，这样长大的孩子才能具备成就大事的心理素质。

专家谏言：

生活中，每个人都会遇到挫折和困难，没有谁的人生可以一帆风顺。但现实是，有的人能乐观面对，有的人却是悲观厌世、事事逃避。如果父母不能给予孩子正确的引导和教育，孩子就难以将压力成功地释放出来。久而久之，孩子的内心就会积攒强大的精神压力，甚至产生严重的心理问题。

失败是坚韧的最后考验

> 父母必须让孩子知道，在成长的道路上，不可能是一帆风顺的。成功往往是与艰难困苦、坎坷挫折相伴而来的。
>
> ——芭贝拉·罗斯

在孩子的成长过程中，失败和挫折是在所难免的。失败是磨炼人的意志的宝贵机会，经得起失败的考验，才能成为真正的强者。所以，鼓励孩子勇敢地接受失败，然后战胜失败，走向成功，应该成为父母教育孩子的重要一课，也是我们现在最应该传承和保留的家风。

没有哪个人的一生是一帆风顺的，每个人都要经历这样或那样的失败和挫折。要想获得成功，就要经历千百次的尝试和努力。当孩子在一件事情上付出诸多努力的时候，等待他最后的结果有可能会是失败。这个时候，父母就应当及时鼓励孩子，让他们鼓起勇气，勇敢地再试一次、两次甚至更多次，直到成功。

科学家做过这么一个有趣的实验：他们将一条梭鱼和许多小鱼放在了同一个水池里，梭鱼如果饿了，只要张张嘴，就可以吞进很多小鱼。随后，科学家找来了一个玻璃罩，罩住了梭鱼的嘴。在最初，刚戴上玻璃罩的梭鱼看到小鱼还会往前冲，但每次它张开嘴都吃不到小鱼。

慢慢地，梭鱼失败的次数越来越多，直至最后，绝望的梭鱼放弃了捕食小鱼。科学家在这个时候撤掉了那些玻璃罩，梭鱼还是对那些小鱼无动于衷，任凭小鱼从自己的眼前游过，梭鱼是真的绝望了。最后，梭鱼被饿死了。

这个故事并非说明梭鱼脑子太笨，因为它确实是捕食小鱼的好手。在正常的环境下，它也能独立生存，但是面临无数次失败之后，梭鱼对自己的捕鱼能力产生了怀疑，最后变得绝望起来。

其实孩子何尝不是这样呢？当孩子屡次遭遇挫折和失败后，如果父母不及时地指导和鼓励孩子，反而责骂他，就会让他渐渐失去信心，变得软弱和退缩，最终难以成功。但是如果孩子能得到父母的引导和鼓励，孩子就不会轻易丧失信心，而是勇敢地面对挫折，渐渐培养出对挫折的承受力和战胜挫折的意志力。

春节的时候，李浩从电视上看到欢庆春节的热闹场面总少不了踩高跷，于是他对踩高跷产生了浓厚的兴趣。爸爸认为通过参加踩高跷这项活动可以锻炼李浩的意志和勇气，于是就买了副高跷给李浩。

爸爸在给李浩绑好高跷后，说："行了，站起来吧！"李浩早就有点按捺不住了，一听爸爸说完，他立刻站了起来，可是刚一起来，他又立刻坐回了椅子上。

爸爸就问他："怎么了？怎么不站起来呢？"李浩告诉爸爸："我怕摔倒。"爸爸听了后就鼓励他，让他再次站起来往前走。

在爸爸的鼓励下，李浩鼓起勇气，晃晃悠悠地站了起来，可是才迈了一步，就扑通一声摔了下来。这下，李浩的脸上可没有了刚开始时兴奋的表情，取而代之的是一脸恐惧。

爸爸见李浩害怕的样子，就亲切地说："摔跤没什么可怕的，不管是谁，刚开始学的时候都要摔跤，不摔跤是学不会的。来，不要害怕，我们再试一次！"

李浩还是有些犹豫，爸爸又说："不用怕，爸爸小时候也是这样学的，鼓起勇气，很快你就能学会的。"

就这样，在爸爸一次次的指导和鼓励下，李浩终于学会了踩高跷。他感到很高兴也很自豪。

尝试每件事情都有可能遇到失败，而且失败确实让人感到沮丧。所以，当孩子面对失败时父母应该鼓励孩子，让孩子明白，失败没有什么可怕的，这次不行，下次再来，多试几次，总会取得成功。父母对孩子的鼓励和引导，是孩子勇敢面对失败的强大动力。

专家谏言:

生活中，一些父母认为孩子还小，经不起挫折和失败，就一味地放纵和满足孩子，不让孩子经受苦难，这样的孩子就会像温室里的花朵，变得脆弱不堪，经不起风吹雨打，甚至还会因此产生一系列心理问题。

吃苦造就孩子坚毅的品格

> 天将降大任于斯人也，必先苦其心志，劳其筋骨。
>
> ——孟子

《孟子·告子下》中有一段脍炙人口的名言："故天将降大任于斯人也，必先苦其心志，劳其筋骨，饿其体肤，空乏其身，行拂乱其所为，所以动心忍性，曾益其所不能。"这段话的意思是：上天要让某个人承担重任的时候，一定先要使他心意苦恼，筋骨劳累，让他经受饥饿，以致形体消瘦，使他受贫困之苦，使他做的事颠倒错乱，总不如意，通过这些来使他的内心警觉，使他的性格变得更加坚不可摧，并且增加他不具备的才能。

孟子这段话说明了一个人达到成功的轨迹：一个能够成大事、有大作为的人，都要经历艰难困苦的历练与考验。俗话说"百炼成钢"，一块铁只有在炉子中经过高温的淬炼，才能够变成一块坚硬的钢。而身处逆境之中的人，其从身体到心理必定也遭受着种种折磨，然而在整个历练的过程中，这个人自身的意志、智慧以及性情却能够得到很好的锻炼，并最终有所提升。

现在的孩子衣来伸手，饭来张口，夏天怕热着，冬天怕冻着，上学不愿走路就车接车送，不高兴了全家上下围在一起费尽心思哄他开心。这固然是父母出于对孩子的疼爱，然而这样疼爱孩子却容易让孩子丧失应有的劳动能力和独立能力，容易养成依赖的习惯，这对孩子以后走向社会是非常不利的，这种教育是家庭教育中的大忌。中国有句古话：庭院里训不出千里马。想要真正将自己的孩子教育成才，就必须舍得让孩子吃苦，让孩子在逆境中磨炼意志，这也正是中国的父母最舍不得的地方。外国的父母为什么能够忍心让孩子吃苦呢？那是因为他们知道这是孩子成长过程中必须具备的品质。

在日本东京的一家幼儿园里，400多名小朋友每天都会在寒冬里锻炼身体，以加强抗冷能力。另外，日本人在教育孩子时有句名言：除了阳光和空气是大自然的赐予，其他一切都要通过劳动获得。很多日本学生在业余时间都会自发地去外面做兼职，通过自己的劳动赚钱，大学生勤工俭学就更为普遍，就连有钱人家的子弟也不例外。他们靠在饭店端盘子、洗碗，在商店售货，在养老院照顾老人，做家庭教师等方式来赚取自己的学费。孩子很小的时候，父母就给他们灌输一种思想：不给别人添麻烦。全家人外出旅行，不论多么小的孩子都要无一例外地背上一个小背包。别人问为什么，父母说："他们自己的东西应该自己来背。"

瑞士的父母为了避免孩子长大后变得碌碌无为，他们在孩子很小的时候就培养孩子自食其力的能力。譬如，他们对家里十六七岁的姑娘，在初中毕业的时候会送到有教养的人家去当一年女佣人，上午劳动，下午上学。这样做一方面锻炼了孩子的劳动能力，另一方面还有利于孩子学习语言，因为瑞士有讲德语的地区，也有讲法语的地区，所以这个语言地区的姑娘通常到另外一个语言地区当佣人。

加拿大的父母在孩子很小的时候就注意培养他们独立生活的能力，以便孩子能够在未来社会更好地生存。在加拿大的一个记者家中，两个上小学的孩子每天早上要去给各家各户送报纸。看着孩子兴致勃勃地分发报纸，那位当记者的父亲感到很自豪："分发这么多报纸不容易，很早就得起床，无论刮风下雨都要去送，可孩子们从来都没有耽误过。"

现在我国人民的生活条件得到了很大提高，在生活上，孩子的衣服鞋袜家长给洗，被子家长给叠……家长什么事情都给孩子包办，从来不让孩子自己动手。每年开学，我们都能看到一队队的"父母军"给孩子拎着大包小包，累得满头大汗，气喘吁吁，可孩子们却戴着遮阳帽，吃着冰激凌，一副悠然自得的样子。孩子开学后，有些家长还不放心，舍不得让孩子参加军训，或者在军训的时候给孩子递个毛巾、递杯水。出现这种现象的根本原因就是父母娇惯孩子，从小舍不得让孩子吃苦。

"物竞天择，适者生存。"这不仅是自然界的生存法则，人类社会也同样如此，丧失了自立能力的人，被社会淘汰是大势所趋，是历史的必然。让孩子适当地吃些苦，锻炼他们的坚强意志，对他们的未来是没有害处的。

专家谏言：

凡是在困苦的环境中没被击倒，并且更加发愤自强者，都有百折不挠的韧性和坚持到底的毅力。恶劣环境的一再试炼，也提升了他们的能力与见识。这正是一个人担负重大责任时的必要条件！

坚强的意志是孩子走向成功的关键动力

告诉你使我达到目标的奥秘吧，我唯一的力量就是我的坚持精神。

——巴斯德

意志力对于一个人最终能否取得成功是至关重要的。科学研究表明，坚强的意志对一个人的学业成绩和个人的成就有着密切的关系。墨子说过："志不强者智不达。"意思就是，志向不坚定的人，智慧就得不到充分的发挥。的确，通往成功的道路不可能一马平川，必定会有崎岖坎坷，而意志不坚定的人，面对缥缈的未来往往会半途而废，唯有坚持到底的人才能见到最后的光明。王安石曾经说过"夷以近，则游者众；险以远，则至者少"，正是这个道理。

"有志者事竟成。"不管做什么事情，没有足够的坚持和韧性，没有足够坚强的意志，遇到困难就退缩不前，遇到挫折就灰心丧气，是很难获得成功的。命运之神垂青坚持到底的人，但凡成功之人都有极强的恒心，信奉"永远不放弃"的座右铭。牛顿说："一个人如果做事没有恒心，他是任何事情也做不成功的。"富兰克林说："唯有坚韧不拔的人，才能圆满实现自己的理想。"茅盾说："人的前途只能靠自己的意志，自己的努力来决定。"曾国藩也曾说过："凡人作一事，便须全副精神注在此事，首尾不懈，不可见异思迁，做这样想那样，坐这山望那山。人而无恒，终身一无所成。"美国前总统柯立芝认为："世界上没有一样东西可以取代毅力，才干也不可以，怀才不遇者比比皆是，一事无成的天才很普遍；教育也不可以，世上充满了学无所用的人，只有毅力和决心无往而不胜。"

不管是名言还是警句，都表明一个道理，那就是个人的成功离不开坚强的意志，没有坚强的意志就难以成功。

有一个小女孩生活在美国夏威夷，她酷爱冲浪运动。从小她就与海浪为伍，但她险些因为一场突如其来的灾难而失去生命。

2003年10月31日早晨，她像平常一样和朋友们去冲浪。经过半个小时的冲浪，她已经有点疲惫了，索性就躺在冲浪板上休息片刻，而一只手在水里拍打着浪花。没想到正在此时，从海水中蹿起一条巨大的鲨鱼，她随即感到疼痛弥漫在整个手臂上……当她回头看时，身旁的海水早已被染成了血水。忍着断臂的疼痛，她用另一只手努力地向岸边划去。目睹了整个过程的朋友迅速将一条绳子紧紧地绑在了她的断臂上。当朋友把她送到附近的一家医院时，她的失血量已经达到了70%，可以说得上是生命垂危。

经过紧急抢救，她被医生们从死亡的边缘拉了回来，这真可谓是一场劫后重生。但刚刚苏醒的她却问了医生这样一个问题："我还要恢复多长时间才能去冲浪？"医生被眼前这个勇气可嘉的小女孩震撼了，医生安慰小女孩说等手臂愈合了就可以去了。

几周过后，当医生拆下她胳膊上厚厚的绷带后伤口就呈现出来。家人看到后，都无法接受这个残酷的现实，这对一个13岁的孩子来说真的是太残酷了！唯独女孩显得异常平静。当大家都被不符合女孩年龄的镇定所震撼时，她还说了一句让人为之震惊的话："时光无法从头来过，我只能接受现实。既然发生了，我就要勇敢地去面对。我期待着重返大海的那一天。"

大家都知道，冲浪运动最重要的是身体平衡，一个断臂的人又如何能在波涛汹涌的大海中找到自己的平衡点呢！小女孩不甘心自己被命运这样摆布，一个多月后，她重返大海，开始了非常艰苦的恢复训练，当她一次又一次从冲浪板上摔到海里的时候，是勇气和信心支撑她又重新站在冲浪板上……人们劝她不要再这样折磨自己了，但她依然选择坚持，她告诉人们："我天生就是冲浪的命。虽然我不小心丢了一只船桨，但我还有另外一只，足以支撑我遨游大海。"

就这样，经过多年反复训练，她最终成了全美冲浪锦标赛的冠军。

现在有不少家长抱怨孩子意志不坚定，吃不得苦，在做事情的时候缺乏韧性，容易放弃，其实造成这种现象的"罪魁祸首"仍然是家长。孩子的可塑性是非常强的，如果家长能够对培养孩子的意志力有足够的重视，并且给孩子以良好的引导，必然能形成良性循环，让孩子受益终身；反之，如果不注意培养孩子的意志力，事事包办，错过了培养孩子意志力的最佳时期，将会让孩子养成意志薄弱等不良习惯。

那么家长要如何锻炼孩子坚强的意志力呢？

第一，从小事做起，并持之以恒。

从身边的小事做起，并坚持不懈，从不中断，这是磨炼一个人意志的最好方法。很多事业有成的人都是通过坚持做一些小事情来磨炼自己的意志的。苏联著名文学家高尔基说："哪怕对自己一点小小的克制，也会使人变得强而有力。"俄国生理学家巴甫洛夫把工工整整地书写作为磨炼自己意志的方法。老子也说过："为大于其细。"因此，家长应当让孩子从小事做起，从细节做起，慢慢养成坚强的意志。

第二，为孩子制订合理的计划。

家长可以给孩子布置明确的短期任务，并指导孩子按照预定的计划按部就班地进行，如果任务完成得好，家长应当对孩子进行表扬，从而鼓励他们这种强化意志的行为，让孩子逐渐养成坚强的意志。

第三，鼓励孩子勇于面对困难。

困难可以检验孩子的意志力。家长在培养孩子意志力的过程中，可以让孩子适度做一些有难度的事情。当孩子在面对困难的时候，家长应当为孩子打气，让孩子相信他有能力战胜困难，千万不能打击孩子，让孩子心灰意冷。

第四，让孩子养成良好的行为习惯。

一个人良好的行为习惯的养成需要长期坚持，自然需要意志力的支撑。因此，家长可以从培养孩子的行为习惯入手。而培养孩子的行为习惯要从小事做起，比如让孩子按时完成作业，严格遵守作息时间，自己收拾房间等。家长在培养孩子的行为习惯时，要对他们进行严格的要求，绝不可半途而废。这样做既能够使孩子在形成良好行为习惯的同时，也培养了他们良好的意志品质。

第五，父母要树立良好的榜样。

父母是孩子最好的榜样，对孩子所起到的影响也是深远的，因此，父母在生活或是工作中遇到一些困难时，千万不可轻言放弃，甚至可以让孩子对你说些鼓励的话，在孩子的鼓励和陪伴下渡过难关，因为每个人都需要安慰，再强大的人也有心理上的弱势。而坚持到胜利之后，孩子不仅会对你的意志力赞赏有加，而且还会对孩子形成坚定的意志力有着莫大的影响。

坚强的意志力不是短期内就能够养成的，孩子往往都是三分钟热度，因此，家长要有足够的耐心。培养孩子的意志力不仅是对孩子的考验，也是对家长的考验，如果任何一方放弃，都会前功尽弃，相信经过一段时间的坚持，孩子最终能够成为勇往直前、意志坚定的人。

专家谏言：

坚强的意志是孩子突破阻碍、战胜挫折、走向成功的关键动力。在如今这个竞争激烈的社会里，身为家长，更要有意识地培养孩子坚强的意志，让孩子有勇气、有毅力去战胜成长道路上的各种困难。意志是一个人成功的关键，开明的父母应当注意从小培养孩子的意志力，为孩子的成长打好基础。

第五章

放字诀：家风要紧，教导要松

当今很多家长帮孩子包办了一切，连基本的家务活儿都不让孩子做。孩子想帮大人分担一些家务，大人便会说："你只要好好学习就可以了，干什么家务活儿。"其实，家长要知道，最好的疼爱是放开手，家长犯懒就得"懒"出个水平，让好家风和孩子的好习惯在家长的"懒"中养成。

让孩子做自己舞台的导演

> 人像树木一样，要使他们尽量长上去，不能勉强都长得一样高，应当是：立脚点上求平等，于出头处谋自由。
>
> ——陶行知

不少成年人有这样的毛病，他们非常在乎别人是怎样看待自己的。他们要做事，总是会考虑别人怎么看、怎么想、怎么评价。

那么这些成年人为什么会显得这么毫无主见呢？其源头是童年时的经历。童年是性格形成的重要阶段，如果孩子在童年时期从来没有过自己的主见，从来都是按照别人强加的意愿办事，这样的孩子长大后容易受到别人评价的影响。如果孩子年幼的时候，大人对孩子强加太多的评价，孩子很容易丧失自己的判断能力，久而久之孩子也就习惯了别人对自己的评价，甚至开始依赖别人对自己的评价。这是如今这些成年人不能"倾听自己内心"，而在乎别人眼光的原因所在。

其实，孩子初来这个世界，会做出很多让人匪夷所思的举动，他们才不会在意别人是怎么看待自己的，是成年人逐渐改变了孩子的性格，让孩子活在了别人的世界里。

父母教育孩子懂礼貌，逢人便打招呼；安全第一，就怕孩子发生意外，就算是孩子走路时不小心摔了一跤，自己都会内疚很久，恨不得自己替孩子走路；他们不准孩子游泳、穿溜冰鞋……饮食起居方面做得更是无微不至，就怕比别人家的孩子吃得差，就怕衣服的牌子没有别人家孩子的好；吃喝玩乐都由父母做决定，孩子根本没有选择权。就这样，在这种教育之下，孩子变得盲从、没主见，长大后不能"听从自己的声音"。

小林的父母都在学校工作。他们从来不打骂儿子，但对儿子的要求非常严格，为儿子做任何决定从来不征求儿子的意见。小林的爸爸常常说："你什么也不懂，我和你妈妈这样做都是为了你好。"从小到大，小林都不敢违逆和顶撞父母。

大学毕业后，小林本想摆脱父母去外地工作，但父母的眼泪和话语让他无法离开。就这样，小林在本地找了一份安稳的工作，慢慢地，小林的性子被磨平了，没有了抱负和理想。

父母总是把自己的意志强加在孩子的身上，总是把自认为好的东西提供给孩子。但是，父母却没有意识到孩子也是一个独立的人，也有属于他自己的思想和言行标准，不需要每一步行动都在父母的规划之内。

孩子天生无所畏惧，有冒险精神，而且富有好奇心，并会从行动中获得积极探索的精神和勇气。比如，孩子从来没学过游泳，他就想试试自己能不能在水里漂起来，这种情况归根结底源自孩子的好奇心，即他们想对背后的真相一探究竟。

可是很多父母，包括带孩子的爷爷奶奶、外公外婆，不懂孩子的成长心理，常常对孩子发号施令或者强迫孩子做自己不喜欢的事情，慢慢地孩子就养成了屈从的性格。

在强势父母的控制和安排下，孩子无异于弱势群体，他们唯一能做的就是按部就班。毫不夸张地说，他们的一生都被父母包办了。上学时，他们是家长、老师眼中言听计从的好孩子；工作后，他们又是领导和上司眼中言听计从的好下属，反正他们从小就失去了判断是非的能力，没有自己的主见。此外，他们的内心并不强大，稍遇打击就会选择逃避，因为他们从未真正做过自己，终日在别人的眼里过活。这绝不是父母希望看到的，所以，父母们要学会让孩子听从自己的声音，把选择权交给孩子。

专家谏言：

一个缺乏自信的孩子，做任何事情都会畏首畏尾，即便是很简单的一件事，也会因为缺乏自信而无法完成。自信，是一个孩子取得成功最重要的基础。

依偎在父母怀里，如何面对社会

> 没有独立精神的人，一定依赖别人；依赖别人的人一定怕人；怕人的人一定阿谀谄媚人。若常常怕人和谄媚人，逐渐成了习惯以后，他的脸皮就同铁一样厚。对于可耻的事也不知羞耻，应当与人讲理的时候也不敢讲理，见人只知道屈服。
>
> —— 福泽谕吉

在自然界中普遍存在着一个法则：动物个体在出生后，由其父母抚育成长，长大后就不能再与其父母生活在一起，得靠自己独立生活。如果不具备生存能力，离开父母的呵护就会被淘汰。

生物学家研究发现，当幼鹰长到一定程度以后，它们的父母会带着它们来到悬崖边上，然后将它们一个个推下悬崖。会飞的振臂展翅，翱翔天空；不会飞的葬身谷底，粉身碎骨。尽管用这样的方式逼迫小鹰们自食其力很残酷，但是老鹰父母从未有过一丝一毫的动摇。因为生存法则就是这样，优胜劣汰，正所谓"物竞天择，适者生存"。

所有的动物都爱孩子，但动物父母们知道，它们不可能照顾孩子一辈子，如果孩子不能及早独立，总是依偎在父母的怀里，那么，当孩子不得不独立面对这个世界时，它将无所适从，以致丧失生命。

对于我们人类来说，也是如此。任何人只有具备独立、自主思考的能力，才能在这个社会中占据一席之地。因此，父母切莫忽视了培养孩子独立自主的能力。罗伯特是美国著名教育专家，他曾提出现代孩子教育的十大目标，其中第一条就是独立。他指出，一个孩子想要在未来人生中获得成功，首先要具备独立思考、选择、判断、解决问题的能力，否则很难适应现代社会的需要。

其实，孩子骨子里就有独立意识。独立意识会随着孩子年龄的增长而变强，表现在言语、思想和行为等各个方面，而社会实践正是增强孩子独立能力的有效途径。一般情况下，在两岁以后，随着生理、心理机能不断加强，很多孩子在父母的引导下已经学会了自己吃饭、穿衣服、收拾玩具等，慢慢也就养成了独立意识。

但是，如果父母对孩子引导不当的话，忽视了给孩子独立锻炼的机会，孩子的独立意识就会停滞不前，他们真正能独立也就遥遥无期了。

在加拿大的山区，沿着盘山公路竖立着很多牌子，上面写着这样一句话："A fed bear is a dead bear."意思是被喂饱的熊是死熊。为什么在山路上会有这样的标识牌？为什么熊被喂饱了就是死熊了呢？原来过去有很多人开车路过此地，在路边看到熊时，往往又惊又喜，于是从车里扔食物给熊吃，这些熊尝到了"不劳而获"的甜头后，就总是在路边等食物，慢慢地，它们就失去了觅食的本领。到了冬天，大雪封山，很少有人再去喂它们食物时，它们就被活活地饿死了。

后来，加拿大政府在路边竖了很多提醒牌，告诉路人，不要随便丢掷食品喂熊，把熊喂饱了，实际上就是把熊喂死了。

这件事情不由得让人们联想到现在的家庭教育。很多父母容易犯"爱"的错误，对孩子过分爱护、过分关心，为孩子付出一切，这种行为不正是把孩子当作喂饱的熊来对待吗？

现代心理学、教育学、社会学的大量研究调查表明：很多父母对孩子"过度保护"的行为压制了孩子的自由发展，扼杀了孩子的创造力和想象力，忽视了孩子自主精神的培养，最终阻碍了孩子健康人格的形成，这些孩子往往"在家像条龙，在外像条虫"。依赖性强，自私自利，缺乏独立生活的能力，做事被动、消极、胆怯，社会责任感弱，情绪波动大，易走极端等，根本不具备独立思考、解决问题的能力，无法正常地适应社会。而一个独立的孩子，往往自信、勇敢、积极向上、行事理智果断，社会责任感强，敢于直面挑战，能够主宰自己的命运。

事实上，父母过分呵护孩子，是在无形中给他们的成长设置障碍，丧失了孩子培养自己独立能力的机会，最后反倒是害了孩子。在这个科技日益发达、物质水平日益提高的时代，没有独立意识和独立能力的孩子，怎么可能成为日后的栋梁之材？现如今社会物质条件优越，父母在给孩子创造享受机会的同时，也要注意给孩子创造独立自主的机会，培养孩子独立自主的能力。千万不要把孩子这艘"小船"牢牢地拴在避风港，一旦他们驶离港湾遭遇大风大浪，势必会被"打翻"。如果这样，尽管孩子在年龄上成熟了、长大了，可是他的行为能力却仍旧停留在孩提阶段。

孩子只有真正具备了独立意识等品质才能真正走向成熟，走向社会。假如父母永远把孩子当成小孩看，他们又要到哪一天才能长大呢？

父母的教育方式和心态决定了孩子的未来走势。在针对培养孩子独立意识这一问题上，父母对孩子的爱应该变得理性一些。父母理性地爱孩子主要有三个方面的内容：

第一，父母要给孩子独立自主和承担后果的机会，让孩子在实践中认识到什么是责任感，借此锻炼孩子独立思考和探究的能力。

一天，父亲正在整理阁楼上的书，打算把它们都搬到楼下去。热心的小男孩在一旁看得手心直痒痒，父亲猜出小男孩的心思，邀请他帮忙，小男孩兴高采烈地加入了搬书队伍，帮父亲把一些书从阁楼搬到楼下。小男孩觉得这真是一件了不起的事。他用尽全力抱住书本，缓慢地下着台阶。

事实上，他根本没帮上什么忙，反而还碍手碍脚，影响工作的进度。不过，小男孩有一位耐心、智慧的父亲。他明白让孩子参与进来，远比搬书的效率重要得多。

在这堆书里，有几本又厚又重的教科书。对于小男孩来说，想要把它们搬下楼，并不容易。只见他抱着这几本书小心翼翼地踏着楼梯往下走，可是它们一连几次都不争气地从小男孩的手中滑落。最后，小男孩气急败坏地坐在阶梯上，他感觉自己太没用了，笨手笨脚，根本无法捧着这些书下楼，他伤心地大哭起来。

此时，阁楼上的父亲听到哭声，赶忙过来拾起散落在楼梯上的书，将它们放到小男孩的怀中，然后一把抱起小男孩，将书和孩子一并抱到楼下去。就这样，父子俩来来回回了很多趟，有说有笑把搬书的任务完成了，只是完成的方式有些独特——小男孩负责搬书，父亲负责抱小孩。

让孩子参与进来，帮着父母一起做事，可以增进亲子间的感情，增强孩子的责任感和自信心，因为帮了父母的忙，孩子会觉得自己是有价值的人。

在我们周围，常常听到父母抱怨孩子没有责任感，不懂得体谅父母，不考虑父母的需求。实际上，责任感与价值感是联系在一起的。一个人，只有看到自己的能力能帮到别人，才会感受到别人对自己的尊重和喜欢，从而激发他的责任感和荣誉感。

因此，孩子的每一个好的出发点都应该得到父母的鼓励和赏识，哪怕最后的结果不怎么样。作为父母，千万不能武断地制止孩子的好行为。即使孩子做得不好，也不要批评教训，要知道孩子的出发点是好的，父母要帮助孩子进行改善，共同进步。

第二，孩子需要父母给自己提供一些"吃苦锻炼"的机会。

孩子良好素质的形成和完善品格的培养是一个漫长复杂的过程，它要求家庭、学校和社会三方面的通力合作。孩子的成长，除了正面的教育之外，还需要适当的负面刺激，负面刺激指的是一些令人产生不愉快或不舒服的刺激，也就是我们通俗意义上说的"吃苦受罪"。

孩子往往单纯幼稚，心智不成熟，经验也不足。假如父母处处为孩子安排，处处维护孩子，他就不可能了解真实的世界，将来一旦脱离父母，很可能碰大钉子。如果父母能"退居二线"，给孩子鼓励和支持，让他们自己想办法去解决问题，战胜困难，这样不仅能增强孩子的生活能力，还能培养他们迎难而上的勇气和意志。

很多父母觉得现在的孩子是"身在福中不知福"，他们不知道幸福来之不易，不懂得珍惜时间，善待他人。为了让孩子有正确的幸福观，我们可以让他们适当地"受罪"。比如，做一些力所能及的家务活，参加一些社会公益劳动，这样他们在劳动中既能体验他人工作的辛苦，又能增加生活智慧，提高身体素质，还能培养吃苦耐劳的精神，从而学会尊重他人，珍惜幸福。

除此之外，现在大部分孩子在家庭中都处于"众星捧月"的地位，往往自私傲慢、专横无理。偶尔受到他人的批评，便会大发脾气、撒泼胡闹。面对这样的情况，家长们不要"害怕"孩子的坏脾气，要及时对其进行批评教育，直接指出其缺点和不足，予以适当约束。尽管孩子在接受批评时非常难受，但父母的适时"提醒"是克服他们"坏脾气"的良药。

第三，父母要有意识地扩大孩子的生活范围，让孩子独立观察周围的事物。

有些父母总是担心孩子的安全，对孩子的活动范围加以严格的限制，结果压抑了孩子的积极主动性，致使孩子养成一切依赖父母的坏习惯。这样的孩子往往自理能力差，在遇到新环境、新情况时不知所措。

父母有时没必要给孩子开"绿灯"，应该引导孩子多多参加户外和团体活动，这样不仅有助于他们开阔视野、增长知识，还能培养他们的独立能力。同时，对于孩子的求知欲、好奇心、钻研精神和独立能力的培养也大有益处。例如，让孩子多与大自然接触，让孩子留心生命的不同景象及其变化，启发孩子多问几个"为什么"，与孩子一同找寻答案。父母一定要给孩子提供独立活动的机会，任孩子自由地跑，自由地玩，自主地观察周围的人、事、物，从而激发孩子的创造力和想象力，让孩子在前进的道路上自由奔跑，长大成为一个有出息的人。

专家谏言：

孩子只有在逆境中不断磨炼，才能学会独立。当然，他们也需要爱，父母的爱会让他们健康成长。不过，现代孩子多半不是没有爱，而是"爱过剩"。所以，父母必须学会控制自己的情感，把爱收回去一部分，鼓励孩子去尝试、去实践，体验真正的生活。父母要尊重孩子的选择，相信孩子的能力，给孩子创造更多锻炼的机会，让他们适当地吃苦受累，遭受一些挫折，完成人生的必修课。

孩子要从小承担家的责任

> 孩子健康心理的培养比对孩子身体的关心更为重要，孩子只有具备了健康的心理，才能挑战未来，走向成功。
>
> ——布鲁尔·卡特

俗话说："国有国法，家有家规。"治国要有规矩，治家同样要有规矩，这个规矩就是家风。梁启超先生就曾经说过：少年强则国强。由此可见，要让孩子长大后有出息，能为国家做贡献，就要从小锻炼孩子，让孩子在良好的家风和家规的熏陶中成长。可是，现在的家长都会刻意让孩子少做事，不管自己多辛苦都要为孩子打点好。一位妈妈说："孩子跟着我们受了不少委屈，再让他从小干这干那，我自己都觉得不像他亲妈……哪怕雇人来干也不舍得让孩子来分担。"

有这种想法的家长不在少数。他们生怕孩子受一点儿罪，吃一点儿苦，但他们忽略了一点，那就是孩子也是家庭的一分子，他们也应该对家负有责任。帮助父母做些力所能及的事情，不仅不会对孩子造成伤害，还能让孩子体会到自身的价值。

小宝已经上小学五年级了，他觉得自己已经可以独立做很多事情了，可是妈妈从来不舍得让他帮忙。

一天傍晚，提着重物的妈妈对小宝说："太沉了，妈妈提不动了。"话音刚落，小宝就自告奋勇："妈妈，我帮你提吧，我很有力气！"没想到妈妈却摇摇头说："你还小呢，提重物不利于长身体。"小宝失望地"噢"了一声，心想：我真没用，都不能帮妈妈一把。

在一些家长看来，孩子都是不爱干活的，而事实上是孩子干活的心被家长们的全能给阻拦住了。等到家长想通了，想让孩子干的时候，已经为时已晚。所以，想要培养孩子的自理能力，就给他们安排一些力所能及的事情去做。孩子做了之后，家长还要及时表扬。千万不能在孩子热情很高的时候，轻易拒绝孩子，否则孩子帮你做事的乐趣就会被打消。

很多家长在孩子面前基本上都是万能的，即便有些事情不能做到，他们也很少想到要求助于孩子。其实家长们是太小看自己的孩子了，小学阶段的孩子已经能独立完成很多事情。孩子身上蕴藏的潜力，可能是你无法想象到的。

网上一篇文章提到一个12岁的女孩，与自小收养她的奶奶相依为命。老奶奶如今已经80多岁了，行动不便。小女孩每天靠捡拾废品补贴家用，不仅能照顾奶奶的起居，还能够保持学习成绩优异。

当然，很多家长会说，我们家日子没过到那份上，怎么可能让孩子受那份罪？适当地锻炼孩子还是必需的，什么也不让孩子做，最终只会培养出一个缺乏自理能力的孩子。

同样是孩子想帮妈妈提东西，来看看下面这位妈妈是怎么做的。

一天傍晚，小悠妈妈经过小区门口的超市时顺便买了一箱牛奶回家。孩子见妈妈穿着高跟鞋和长裙子提着牛奶很不方便，就说："妈妈，我来帮你提吧？"妈妈有点儿诧异，但高兴地说："是挺沉的，要不你试试？""放心吧，我能行！"说着，孩子抱着那箱对他来说并不轻松的牛奶就往楼上走。

妈妈跟在后面边走边说："哇，儿子，你好厉害，真的搬动了！如果你感觉到累了，可以放下东西休息一会儿再走，或者妈妈和你接力搬。"没想到小悠竟然一鼓作气将牛奶搬回家中，并十分自豪地说："妈妈，我一点儿都没感觉到累！"妈妈夸赞道："儿子，你真是小男子汉啊！"

实际上，孩子完全有能力去做到很多事情，只不过很多家长将孩子的这些潜力"扼杀"了。因为家长总是对孩子的能力产生怀疑，不肯给他们锻炼的机会。家长应该注重培养孩子的动手能力，培养孩子的胜任感，让他们在完成某件事情上增加自己的信心。这样，孩子才能得到真正的成长。

专家谏言：

很多时候，家长不妨在孩子面前表现出"弱"的一面，然后"求助"于孩子。不要认为孩子起不到多大的作用，甚至会越帮越忙。凡事贵在参与，孩子也需要展示自己的机会。孩子觉得父母也有需要自己的时候，这本身就是一种极大的鼓励与肯定。孩子有被肯定的心理需要，他能做成一件事，帮助一个人，就无形中说明他是个有价值的人。

有些事该管，有些事要放

只有能够激发学生去进行自我教育的教育才是真正的教育。

——苏霍姆林斯基

　　家长对孩子约束的火候和方法要依孩子的情况而确定。很多家长总是打着怕孩子学习分心的幌子，什么事都不让孩子做。孩子应该穿什么衣服，剪什么发型家长要管；晚上几点开始休息要有时间表，连上学前孩子用的学习用具也得帮着准备，有时还被孩子埋怨忘了帮他准备某些学习用品。

　　天底下所有家长都有一个共同的心愿，就是希望自己的孩子长大了能够成才。但由于家教观念的落后，家长尽管尽心尽力，但到头来的结果总是事与愿违。俗话说：只有不会管的家长，没有管不了的孩子。可见教育方法的合理与否，直接导致了对孩子的教育结果。父母什么该管，什么不该管，家长教育之路究竟该怎样走，这是所有家长所急需知道的。家庭教育与学校教育相比，其优点是能针对"个别的"，而不是针对"一般的"教育，这种教育就需要家长去好好理解和揣摩，需要细心了解孩子的生活，认识孩子并发现孩子的特长和缺点。有些家长正是因为能坚持因材施教的策略，才得以把孩子引向成功的道路。家长应该给孩子自我空间，要他们脱离父母的怀抱，否则孩子永远学不会独立。

　　有这样一位母亲，孩子已经8岁了，每次送孩子上学都是背着，直到快到学校了才肯把孩子放下来……在这样环境下成长起来的孩子，如何能自主、独立呢？家长在孩子小的时候就应该施加管教，而不是一味溺爱，家长应根据孩子自身的特点，给孩子自由活动的空间，如鼓励他自己找朋友玩，让他在自己的空间里当主人。适当创造一些独立锻炼的机会给孩子，以此来锻炼孩子的独立性，但是采取完全顺着孩子的态度，也不利于孩子的成长。俗话说："穷人的孩子早当家。"家境贫寒的孩子因为恶劣的生存环境迫使他们变得独立自主。而如今生活水平都不低，孩子基本上没有什么锻炼自我的机会，所以家长要适当地给孩子创造一些这样的机会，以此来磨炼孩子的意志。

香港首富李嘉诚在对待孩子教育方面很有方法。他注意到对孩子的个性和能力培养非常重要。儿子在八九岁的时候就被他叫到公司旁听董事会，当然他还要求孩子发表一些自己的意见。后来，两个儿子从斯坦福大学毕业后，想回到爸爸的公司效力，但他们的请求被李嘉诚拒绝了。他要求两个儿子先去自己打江山，用实践来证明他们是否胜任公司中的职位。最后，兄弟俩在地产和银行两个行业中闯出了一片天地，成为叱咤商界的风云人物。

李嘉诚对孩子的"冷酷无情"，铸就了他们不屈不挠的品性。如陶行知所说的一样：让孩子出自己的力、流自己的汗、吃自己的饭才是英雄汉。但是，不少家长对孩子"心太软"，对孩子的一切事情都代劳，其结果是独生子女难独立，这种现象确实令人担忧。因此，如何在管与不管之间拿捏，应成为家长重要的必修课。

美国家长从孩子出生后就开始对孩子进行教育，让孩子独自睡在一间房子里。等孩子有害怕心理的时候，家长就在晚上睡觉前到孩子卧室给孩子一个吻，说句：晚安，我的宝贝。孩子在自己的房间有玩具的陪伴，甜甜地睡去。还有他们对孩子独立能力的训练，美国家长让只有六七个月大的孩子自己学着喝奶和吃饭。孩子常常把饭桌搞得一片狼藉，但就是这样，美国家长也不亲自喂孩子，而是让孩子自己学着吃。等孩子到了快上小学的年龄，他们常常带孩子外出旅行。旅行途中每当遇到需要渡过山涧时，家长就会叫孩子观察水流，寻找最浅、水流最快或最慢的地方，自己做出判断，然后由父母决定是否可以渡过。家长只有在孩子选择不当的时候才会指点孩子怎样辨别水深和流速。上山的时候，他们从不让孩子乘坐高山缆车，总是让孩子自己徒步攀爬。如果遇到有危险的路段，就让孩子自己判断是否安全，能否继续攀爬。就是这么反反复复的训练，孩子具有了一些冒险精神。为了让孩子学到更多的生活和生存技能，美国孩子从小就会使用电器工具，当然这是在家长指导的前提下。父母经常对孩子说："你学会了这些，再遇到什么东西坏了，你自己就可以修好了。"

　　和孩子共同成长，这样的爱才是真正的爱。孩子自己觉得喜欢愿意去做的事情，或其他爱好兴趣，家长就不应该去管孩子，而是给予支持，那样才能使孩子和家长很好地相处，让孩子在一个比较包容开放的环境中成长！

专家谏言：

　　家长应该是最了解孩子的人，因此每个家长都应该把孩子当作最"特别"的个体来对待，知道自己的孩子应该怎样教育。家长对于哪些事情该管，哪些事情该放，心里要有一把尺，只有这样，培养出来的孩子才会是优秀的。

每个孩子都是独一无二的

> 每个人在受教育的过程当中，都会有段时间确信：嫉妒是愚昧的，模仿只会毁了自己；每个人的好与坏，都是自身的一部分；纵使宇宙间充满了好东西，不努力你什么也得不到；你内在的力量是独一无二的，只有你知道能做什么，但是除非你真的去做，否则连你也不知道自己真的能做。
>
> —— 爱默生

人和事物都是有两面性的。孩子一方面会按照自己的心愿去探索世界，一方面他们善于从大人那里学习，来了解身边的事物和这个世界的一切。随着年龄的增长，孩子会把模仿的重要对象转向同龄人，同龄人喜欢什么，他就喜欢什么；同龄人有什么，他就想有什么。出现这种现象，父母就要引起注意了，而艾尔弗雷德在对女儿的教诲这点上就值得父母们借鉴。

一个星期天，艾尔弗雷德一家走在回家的路上，忽然一阵笑声让一家人停住了脚步。那阵笑声实在是太悦耳了，艾尔弗雷德6岁的女儿不由得转过头去，同时心里嘀咕：这是谁呀，这么快乐？

原来是七八个和自己年纪相仿的孩子正在街角玩耍。他们像小鹿一样追逐嬉戏，时不时就会发出开心的笑声。这是什么游戏啊，能让他们这么快乐，从未玩过游戏的她也被那兴高采烈的气氛深深地吸引了。她多么希望自己也能像那些孩子一样嬉戏打闹啊！她一边走一边回头看着那些嬉戏的孩子，直到走远了再也看不见为止……

回到家里，她的心再也无法平静下来。她非常想跟那些孩子一样，而不是在父亲的店里帮忙做事，回到家又帮母亲干家务。她忍不住问艾尔弗雷德："爸爸，为什么我们不能像别的孩子那样嬉戏玩耍呢？"面对女儿的问题，艾尔弗雷德一点儿也不感到吃惊。因为，他早就猜到了女儿迟早会问这个问题。他既没有责备女儿，也没有像其他父母那样哄自己的孩子，而是给女儿讲了一个道理。

他说："你也不小了，做事也应该有自己的主见了，不能因为别人在做什么，你也去做或者想去做它，你需要遵从你的内心，问一问自己是否真的喜欢做这件事。不要因为害怕与众不同而随波逐流，你要有自己的抉择。如果有必要，就去领导群众，但不要随大流。"

女儿很聪明，听了父亲的话，顿时心中的不快就被抛到了九霄云外，内心的委屈也烟消云散了。她明白，父亲之所以用特殊的方法教育她，是为了让她能有个与众不同的将来。这种观念在她幼小的心灵里生根发芽，并成为她的人生准则。

这个小女孩，就是英国政坛上鼎鼎大名的女首相撒切尔夫人。

人活着，不能只是随波逐流，因为大多数人做的事情不一定是对的！著名作家柯云路说："别人想什么，我们控制不了；别人做什么，我们也强求不了。唯一可以做的，就是尽心尽力做好自己的事，走自己的路，按自己的原则，好好生活。"

此外，父母还要注意这个问题，现在成人的很多东西都渗入了孩子的日常。比如，许多稍大一点的孩子都会喜欢大人们爱好的流行歌曲，而对儿歌的爱好，却渐渐失去。不仅如此，有不少孩子还追星，有的是自己主动去追，有的是因为别的孩子追，他也跟着追。环境是最能改变人的，现代社会，网络、媒体都比较发达，各种各样的信息充斥在孩子们周围。即使我们的孩子，一直以来都有个性，也会受到同龄孩子的影响，也会受到很多负面信息的左右。而孩子的甄别能力还比较弱，社会又相当复杂，这样就容易产生问题。

同时，父母在教育孩子上也要避免犯从众的错误，看别人如何教育孩子，自己便一一效仿。看到别的家长给孩子报各种补习班，就也给自己的孩子报各种补习班；看到别人家的孩子学跳舞，心想自己的孩子也不能落后……一味地模仿，而根本不去考虑这种教育方法是否适合自己的孩子，孩子是否喜欢。这样到头来，不但消耗了大量的时间和精力，还无形中忽略了孩子本身具有的闪光点。因此，教育孩子千万不可从众，随大流只会被大流所淹没。孩子从众时，父母要告诉他，这个世界虽然纷繁万千，有上百种领域，上千种行业，上万条道路，一个人不必赢得全世界，只要找到属于自己的领域，然后坚持不懈地走下去就好。

专家谏言：

站在遗传学的角度看，我们每个人都是与众不同的，自己不像别人，别人也不会像自己，自己就是这么独一无二。"望子成龙"心切的父母不要让孩子去步同龄人的后尘，也不要强迫孩子去模仿那些成功人士，而应鼓励自己的孩子充分利用大自然赋予自己的一切，去创造奇迹，走出一条属于自己的特色之路。

跌倒后就要学会自己站立

> 古之立大事者，不惟有超世之才，亦必有坚忍不拔之志。
>
> —— 苏轼

不论是哪一个孩子，他们都是在父母的呵护下长大的，父母在孩子成长的过程中一直扮演着"保护者"的角色，直到孩子完全独立，他们才会放开双手。因为长时间在父母的关怀下成长，孩子无形之中养成了凡事依赖父母的习惯。聪明的家长将挫折视为培养孩子独立能力的好机会。

在《聪明的一休》中，有这样一个情节让人过目不忘：有一次，一休不慎被一块石头绊倒，腿也磕破了，可站在一旁的母亲却视若无睹，不愿伸出手来拉一休一把，母亲只是冷冷地说了一句话："跌倒了就用双手自己撑着爬起来。"

一休从母亲的话中明白了一个道理，跌倒了就自己爬起来。

谁都有过跌倒的经历，但每一次重新站起来之后，就会发现现在的自己比原先站得更稳。这样，孩子们不仅能感受到家人的鼓励，更发现了隐藏在其中的力量。这是一种鼓舞的力量，时刻滋润着他们幼小的心灵：不流眼泪，要坚强，要靠自己的力量站起来！

美国总统约翰·肯尼迪的父亲从肯尼迪小的时候，就很注意对他独立精神的培养。有一次父亲驾驶着一辆马车带肯尼迪出去玩。由于车速过快，肯尼迪在一个转弯处从马车上甩了出来。当马车停下来时，肯尼迪原以为父亲会亲自扶他起来，但父亲并没有这么做，而是坐在车上，悠闲地吸着香烟。

肯尼迪大声说道："爸爸，帮帮我，扶我起来吧。"

"你一定摔得很疼吧？"

"是的，我觉得我好像站不起来了。"肯尼迪哭哭咧咧地说道。

"再疼也要自己坚持站起来。"

肯尼迪摇摇晃晃地站了起来，挣扎着爬上了马车。

父亲随即向爬上马车的肯尼迪发问："知道我这么做的原因吗？"

肯尼迪不解地摇着头。

父亲接着说："人生就是不断地跌倒和重新站立。不论在什么时候都要靠自己，没人会帮你的。"

从那件事情之后，父亲就更加注重对肯尼迪独立精神的培养，如常常带着肯尼迪参加一些社交活动，教他一些交际能力，在不同的场合如何展示自己的谈吐和气质，如何坚定自己的信仰，等等。有人问肯尼迪的父亲："每天等着你要做的事情有那么多，你从哪里腾出来的时间教孩子这些事情？"

谁料肯尼迪的父亲给出了这样的回答："我在教肯尼迪如何成为一名总统。"

小孩跌倒并不是什么稀奇的事情，但如果每次小孩要依靠大人的力量站起来，久而久之就会使孩子养成一种依赖感。肉体上的摔倒不算什么，怕就怕日后心理上的摔倒，心理上摔倒了就真的爬不起来了，所以，从孩子小的时候就注意培养他们自己爬起来的精神，将来他们才能鼓起勇气面对更多的困难。

然而并不是每个家长都能做到这般"狠心"，引导孩子独自站立。现实中，很多家长更愿意看到孩子的成功，害怕看到孩子失败，所以每当孩子遭遇困难时，这些家长就显得沉不住气，总会在第一时间对孩子施以援手。更有甚者，不论何时何地总会跟在孩子的身后，从来不给孩子遭遇挫折的机会，凡事都代而为之。最常见的就是，孩子一摔倒，家长立刻上前搀扶。其实孩子只要没摔伤，家长应该鼓励孩子自己站起来。溺爱孩子，会让孩子丧失信心，不能独立面对一切挫折，这显然是教育中最大的败笔。

专家谏言：

漫漫人生路，很可能在某个时候，我们特别渴望得到别人的帮助，但当别人的帮助成为一种习惯时，势必会造成自己不积极进取的后果。对于一个杰出的人来说，他的信念就是：凡事靠自己，靠自己去奋斗。

家风并非强迫教育

> 孩子只要不做有害于自己和他人的事，就应当让他们有行动的自由，不要硬去改变孩子的意愿。要让孩子懂得，他们只有为别人提供达到目的的可能性，才能达到自己的目的。
>
> ——康德

在教育孩子的问题上，家长总是喜欢将自己的意愿强加给孩子，用所谓成熟的思想干涉孩子的选择，对孩子的兴趣爱好视若无睹，这样的做法对孩子的心理打击是非常大的。

佩佩因为喜欢唱歌，并且具备一定的音乐天赋，被老师选进了校合唱团。但佩佩妈妈出于中考加分的目的，却给她报了美术班。佩佩没有理会这些，她总是利用课余时间练习唱歌，看的电视节目也常常以歌舞类为主。

一天，正在练习唱歌的佩佩被妈妈大声呵斥道："烦死了，唱得这么难听还唱，还不赶紧画画去！"

佩佩顿觉心寒，这无疑打击到了她的自尊心。于是她无奈地拿起了画笔，顿时感到手臂重如千斤，此刻她觉得画画对她来说就是一种惩罚。妈妈的举动让佩佩甚为不解，她不清楚妈妈为什么总是强迫她做不喜欢的事情。慢慢地，佩佩受这种消极情绪的影响，学习成绩越来越差。

首先，很多父母总是将自己的喜好强加给孩子，一厢情愿地替孩子选择特长班，而且不允许孩子拒绝，否则，对孩子就非打即骂。失去自由和选择权利的孩子怎么可能有快乐的心态呢？如果家长忽视孩子的兴趣爱好，将自己的意愿强加给孩子，那么孩子的天赋就会无从发挥，结果适得其反。"强扭的瓜不甜"说的就是这个道理。

抛开遗传因素不说，兴趣因素对孩子能否有所成就有着重要的影响。说得具体一些就是，兴趣是最好的老师，孩子会因为自己的兴趣爱好积极投入到这件事情中，他们愿意投入更多的时间和精力做好这件事情。因为兴趣带有主观倾向，主观倾向更能激发一个人的好学精神，从而促使人愿意花更多的时间和精力做这件事，从而达到满足自己的目的。举例来说，孩子如果爱好下棋，无论学习时间多么紧张，他们还是会挤出一些时间与人博弈一番；喜欢球类运动项目的孩子总是会找时间去运动。切莫忽视这些挤出来的时间，经过日积月累后，它们所爆发出来的能量是惊人的。

小时候的姚明就酷爱打篮球。姚明的父母鼓励他做自己喜欢的事情，但没有刻意非要让他把篮球当成自己的终生事业。姚明父母最初的心愿是希望姚明像普通人一样，按部就班地读书、考大学、找工作。可姚明最终还是选择了把打篮球作为自己的职业，长大后的姚明发现自己愈发离不开篮球，篮球已经成为自己生命当中不可或缺的一部分，并以球技甚佳的球员为榜样来奋斗。因此，姚明的打球方式总是和他崇拜的那些偶像十分相似。最终，他成了一名职业球员。

通过上述案例我们不难发现，兴趣对一个人的成长有着多么重要的影响。如果能正确引导孩子的兴趣爱好，孩子会在快乐的氛围中学习，将来才可能有一番作为。

生活中，父母可以借和孩子聊天的机会，多听听他们的意见，让他们自己做决定。这样，孩子才会把心灵之门向你敞开，对你诉说自己的内心世界。

其次，不要将自己的决定强加给孩子，让孩子自己做决定。父母可以利用自己的经验引导孩子，但孩子的意见一定要听。孩子在具备选择能力时，就要让他们自己做出选择。父母要尽可能创造多一点条件和机会给孩子，让孩子在自己的兴趣中成长，让孩子自己的兴趣爱好成就自己的未来。往往是兴趣爱好将孩子的潜能开发到最大化，最终让孩子在该领域有一番作为。

佳佳颇具数学天赋，高考后，她被北京大学录取。但被北京大学录取前，她有一段鲜为人知的经历。

因为数学成绩优异，佳佳很小的时候就被当地奥林匹克学校录取了。

进入学校后，由于贪玩和看武侠小说的缘故，老师常常批评佳佳。因为学习环境过于压抑，佳佳便萌生了转学的念头。

毫无疑问，转学对这个年龄段的孩子来说可是一件大事，但是妈妈并没有因此干涉女儿的决定，她将选择权交给了佳佳，并对佳佳说："既然你已经做了决定，就要为你的决定负责到底。"

转学后的佳佳更加痴迷于武侠小说，学习成绩一再退步。妈妈便找佳佳谈心，想问问佳佳对将来的规划。

佳佳坚定地对妈妈说："北大附中是我将来的目标。"

妈妈说："嗯，这是一个不错的志向，但是，想要完成你的目标，数学成绩是很重要的，以你现在的数学成绩，难以完成你的目标。"

确定目标后的佳佳努力学习，不再沉迷武侠小说，升中学时顺利被北大附中录取。妈妈在佳佳做选择的过程中没有干涉过她，只是引导佳佳对自己做了一个正确的评估，从而使佳佳做出了最佳选择。

步入社会，孩子必须在此之前具有独立自主的能力，所以，在孩子小的时候，家长一定要注意培养孩子独立自主的精神。将一些事情的决定权还给孩子，让孩子心甘情愿地为自己的选择而去努力。

除上述之外，尤为关键的一点就是对于孩子不感兴趣的事情，家长们千万不要强迫他们去做。

聪明的家长，懂得让孩子去做自己感兴趣的事情，引导孩子正确认识自己的兴趣爱好，并帮助孩子提高自己的兴趣水平。这样做，孩子的学业不仅不会受到影响，而且还起到了提高学习兴趣的作用。

专家谏言：

古希腊哲学家苏格拉底有句名言："认识你自己！"因为家长是孩子的第一任"老师"，所以家长有责任帮助孩子认识自己，让孩子清楚自己的好恶所在，而不是一味强迫孩子顺从自己的意愿。

第六章

智字诀：理性做事，平和待人

好的家风能够培养出优秀的孩子，但如何让孩子继承好的家风呢？对待不同的孩子，父母应该做到理性引导、平和对待。当孩子有负面情绪时，要循序渐进地引导，使孩子能够摒除恶习，秉持优良的品性。

莫让掌上明珠燃起嫉妒之火

> 有嫉妒心的人，自己不能完成伟大事业，便尽量去
> 低估他人的伟大，贬抑他人的伟大性使之与他本人相齐。
>
> ——黑格尔

世界上最聪明的动物是什么？毫无疑问就是人类。但是不聪明的人也太多，这些人中大多都是自命不凡、志大才疏之辈，或是极度缺乏自信的人；或者用自己的短处和别人的长处相比的人。这样的人怎么会成功呢？而这些，和我们的教育脱不了干系。

不少孩子不能知己知彼，单凭一腔好胜的热情，盲目自大，从不尊重对手客观强大这一事实，而一旦失败，更无法面对事实，最后难免产生妒忌心理，甚至是攻击对手的行为。

对于从小生活在优越环境下的孩子来说，他们无疑是大人们的掌上明珠，很多孩子都喜欢以自我为中心，从不考虑他人感受，更不能接受别人强于自己的事实。在教育孩子的过程中，父母一定要正确引导孩子，使其摆脱这种不健康的心理。父母培养孩子的竞争意识，也应该让他们明白尊重对手的道理，学习对手的长处，弥补自身的不足。

云溪的好朋友小文作文写得特别好，几乎篇篇都是大家学习的范文。云溪很不高兴，觉得自己很没有面子，就经常当面叫小文"大作家""小鲁迅"，弄得小文很尴尬。云溪还在背后对大家说："她的作文我好像在哪里看到过似的。她爸爸花钱请家教，是家教老师辅导她写的。"由于云溪的话毫无根据，同学们都很反感她。云溪和同学们的关系也由此变得很紧张。

妈妈得知这一切后，就很坦率地告诉云溪，嫉妒别人是很痛苦的，心

里憎恨别人，又无法说出憎恨的原因，靠讽刺、背后说坏话来发泄，既不能让自己变得强大，也不能阻止对手的进步，只能是掩耳盗铃的游戏罢了。云溪很快认识到了自身的错误，就按照妈妈所说的，努力去欣赏别人的优点，学习别人的长处，将嫉妒转化为进取的动力。慢慢地，云溪学会了尊重和赞扬对手，并开始注意对手取得成绩的方法和诀窍。不久以后，云溪的作文也被老师当作范文让大家学习了。

云溪深有感触地说，我们的进取心不应建立在嫉妒别人的基础上，嫉妒不是解决问题的办法，尊重对手，学习对手的长处才能使自己获得长足的进步。

嫉妒是一种很复杂的心理，其中包括了不服气、不舒服、不开心，自惭形秽与怨恨交织，埋在心里会折磨自身，表现出来会贻害他人。因此，家长必须尽早熄灭孩子心中嫉妒的火苗。

专家谏言：

人生在世，每个人都对成功有着无限的渴望，每个人都希望别人因为自己的优秀而羡慕自己。但人各有长短，谁就能一定比别人绝对强呢？只有扬长避短、知己知彼，才能够战胜强大的对手。

自卑的孩子如何感受阳光的灿烂

> 自信心对于事业简直是一种奇迹，有了它，你的才干便可以取之不尽，用之不竭；一个没有自信的人，无论他有多大的才能，也不会抓住一个机会。
>
> ——卢梭

因为自卑，有的孩子觉得自己是一只丑小鸭；因为自卑，有的孩子总是觉得自己做不好很多事情，于是不敢接受挑战；因为自卑，有的孩子觉得自己很笨，怕老师不喜欢自己，于是不敢向老师请教问题；因为自卑，有的孩子觉得同学们瞧不起自己，于是拒绝和大家接触，人际关系一塌糊涂……总之，如果孩子自卑，他就不会感受到生活的灿烂阳光，不会感受到快乐和幸福，更难以获得成功。

李瑞是个又高又胖的孩子，爸爸听李瑞的老师说他200米都跑不完，这很可能影响到中考时的体育成绩。而且上体育课的时候他也不喜欢和同学们一块活动，做运动时总是往后溜，或者干脆不做。

一天放学回家，爸爸对李瑞说："儿子，你为什么上体育课不积极活动呢？"开始李瑞沉默不语，在爸爸的开导下，他才说："其实我很喜欢体育运动，但是我太胖了，运动时样子很难看，我怕别人会笑话我。"

针对李瑞的想法，爸爸引导他说："运动时的样子好看与否不重要，重要的是参与其中，并乐在其中。我相信你一定能够克服这种自卑心理，从体育中体会到乐趣的。"

爸爸特意和李瑞在周末的时候一起去跑步，并针对儿子运动过程中的闪光点给予肯定，同时鼓励儿子跑步时要有耐力，不管自己和别的同学相差多少，一定要坚持到最后一刻。慢慢地，李瑞找到了自信的感觉。一个月之后，老师告诉李瑞的爸爸，说李瑞不再像以前那样自卑了，现在能轻松跑完 1 000 米。

有人曾经问过居里夫人："您认为成才的窍门在哪里？"居里夫人很肯定地回答说："恒心和自信力，尤其是自信力。"居里夫人在言语中所体现出的就是我们经常说的自信心。自信心是人人都拥有的宝库，而孩子心中的这块宝地，更是要注重发掘和培养。

李浩无论怎么努力，学习成绩始终在中游徘徊，每次考试成绩出来后，父母都感到不满意，对李浩非打即骂。

有一次，李浩又考砸了，他沮丧地告诉爸爸，等待爸爸的反应。出人意料的是爸爸高兴地说："太好了，你考砸了也就没有负担了。"李浩吃惊地看着爸爸，说："爸爸，你是不是病了？"爸爸说："我没病，我清醒得很。过去是爸爸不对，对你太粗暴了，后来我想通了，学习是你自己的事，我着急也没有用。爸爸相信你是聪明的孩子，今天就是你的新的起点，爸爸为你高兴。"

李浩从爸爸的话中感受到了爸爸对自己的信任和尊重，获得了学习的动力。不久后的一次考试，李浩的成绩有了明显提高。爸爸说："太好了，你原来的成绩并不理想，现在学习成绩却提高了很多，你简直太棒了，想当年爸爸上学的时候也没有你进步得这么快。"李浩心想，这根本算不了什么。第三次考试他的成绩又提高了一大截，爸爸说："儿子，我真是太高兴了，你的进步让我非常自豪。"

李浩的进步与爸爸的鼓励是分不开的，爸爸的鼓励给了他更多的信心和动力。虽然这种方法无法保证每个孩子都提高成绩，但是它能极大地改变孩子对学习的态度和对自己的认识，这是学好的必备精神状态。学习毕竟是孩子自己的事情，让孩子明白父母一直在支持和鼓励着他，他就会越学越有劲，而不是整天提心吊胆的。

一位教育家曾说过："赏识带来愉快，愉快导致兴趣，兴趣带来干劲，干劲带来成就，成就带来自信，自信带来更大的成就。"孩子在年幼的时候，缺乏自我评价的能力，常常需要从父母和老师那里得到肯定和赏识，以此来衡量自己、认识自己，从而建立起自己的自信心。

自信是人生最宝贵的财富。成功者一般携带三种"法宝"：性格坚韧、善于积累、自信心。而这三种品质中，自信是最重要的。家长教育孩子时，需要让孩子学会充满自信地生活，这比给孩子一大堆物质财富重要得多。

专家谏言：

只有自信的孩子，才能战胜困难，走向成功。教育孩子，父母需要不断培养孩子的自信心，这样才能更好地激发孩子的各种潜能去克服困难，这对其以后的人生道路有着非常深远的意义。

"熊孩子"爱恶作剧，家长如何管

爱子不教，犹饥而食之以毒，适所以害之也。

——申涵煜

　　恶作剧是孩子调皮、好动的一种表现形式，当孩子长到 5~12 岁时，总有那么几年"混沌期"，这个时期的孩子比较机敏，表现欲强，他们希望通过恶作剧的方式赢得别人的认可和赏识，或表达他的幽默。比如有的孩子喜欢在老师的粉笔盒里放一只小虫子或往女同学桌子上放死蟑螂，当老师或女同学吓得哇哇叫时，他们就乐不可支。孩子的恶作剧令老师和家长烦心不已。

　　德国儿童心理学家托马斯·卡尔松认为，爱搞点恶作剧的孩子富有想象力和创造力，日后成才的可能性较循规蹈矩的孩子更大。因为恶作剧行为需要孩子的精心策划，这需要孩子开动脑筋，而且动脑筋的强度比做家庭作业高得多，这对孩子的智力发育无疑是一次提高。

　　但尽管如此，父母对孩子的恶作剧也不能听之任之，因为孩子的恶作剧是非理智型的，他们对一些东西的破坏和对他人的伤害常常是让人意想不到的。如果我们不及时引导和改正孩子恶作剧的毛病，他就可能因放纵自己而伤害别人，甚至是犯罪，这给他一生带来的危害是无法估量的。

　　河北省枣强县某村的几个小学生，放学后到铁路附近玩耍，在途中遇到了一名挂双拐的学生，于是他们就搞起了恶作剧，把残疾孩子的双拐夺了去，放在一个井边，结果当残疾孩子爬过去取拐杖时，不慎落入了 3 米多深的井里。幸好井中没有水，残疾孩子才没有被淹死。

当我们面对孩子的恶作剧行为时，要及时地引导和改正孩子的这种毛病。否则，等孩子的恶作剧行为成为自身的一种坏习惯时，再让他改正就为时已晚。

传说，一个小孩子因为搞恶作剧受到了柏拉图严厉的批评，小孩子委屈地说："不就是这么一点儿小事，您犯得上态度如此恶劣吗？"柏拉图严肃地回答："如果养成了习惯，就不是小事了。"

帕克赫特说："我今天的性格在很大程度上是过去的产物，它集中体现了我过去的思想和行为，过去岁月的全部都凝聚成今天这一刻的性格。"

每个人都在用一生的时光撰写着自己的"历史"。心灵就像一台留声机一样，会忠实地记录每个人所做的一切，哪怕像一阵风那样微弱的念头，像丝线那样细小的行为，都会在心灵深处留下或深或浅的印记。帮助孩子改正恶作剧的行为时，不要打击孩子的情绪，这就需要根据孩子的性格、做出的行为来具体处理。下面提供几种处理孩子恶作剧行为的方法：

第一，进行冷处理。

相对而言，喜欢恶作剧的孩子大都具有强烈的表现欲，通常是无恶意的。这种情况下，家长要"冷处理"，佯装不知，不对他恶作剧行为有任何反应，一两次之后，孩子觉得很无聊就会放弃。

第二，和孩子一起收拾残局。

对于恶作剧造成的残局，家长要和孩子一起收拾。一般来说，孩子对自己制造的残局是不想收拾的，但家长不要放弃，坚持和孩子一块儿收拾，在收拾的过程中，孩子能从中体会到要对自己的行为负责任。

第三，找出根源，灵活处理。

孩子的恶作剧行为通常是"无意"状态中的，认为"有意思""好玩"，但有的孩子制造恶作剧有着深层的原因。比如，孩子遭到误解、冷落、打骂时，或是心情烦躁、孤独无聊时，就会对家长、老师或其他人采取报复行为。对这种原因造成的恶作剧，家长要善于觉察，从心理上疏导孩子的不良情绪。

专家谏言：

　　许多孩子喜欢搞恶作剧，都是因为好玩，而不去考虑别人的感受。这种情况下，家长可以设计一个产生同样后果的"陷阱"，让孩子跳进去，感觉一下恶作剧的滋味，给他一个教训。这种方法往往很奏效，因为让他吃点苦印象会更深。

拒绝急躁，教孩子遇事冷静

> 父亲用自己的一举一动来影响我，熏陶我，使我的言谈举止带上一副绅士的派头。他认为这是待人接物最重要的技巧。
>
> ——小·托马斯·沃森

好的家风能够教导孩子有修养，而且可以引导孩子遇事冷静、做人谦虚，从小让孩子养成好的秉性和习惯。

小承最近很苦恼，因为他与周围同学的关系不融洽。小承知道自己的缺点是一遇到事情就容易急躁，在与别人交流的过程中，略微不合自己的心意就表现得不耐烦。为此，很多同学都不喜欢和他相处。小承感到很孤独。

小承在小时候就是急性子，比较任性，他想要的东西就一定要得到，不然就哭闹。在小学时，他学习比较好，有些同学向他请教问题。一开始他很乐意给别人讲解，然而当他讲完一遍同学还不明白时，他就没有耐心，就会烦躁地说："怎么还不懂呢？不就是这样的吗？"后来，同学都不向他请教了。在同其他同学讨论问题的时候，别人的思维稍微慢一拍，他就说："不说了，急死我了，你们看着办吧！"

在日常生活中，小承也是如此，做事也是常常丢三落四，显得异常匆忙。上学或放学的路上，他也总是行色匆匆，有好多次都忘记锁车。时间久了，大家都知道了他的急脾气，慢慢地远离了他。虽然他有些时候能够表现出热心待人的一面，但大家还是对他避而远之。

急躁是孩子常出现的情绪反应之一。一般情况下，急躁的孩子会有以下表现：做什么事情都想急于求成，却又没什么准备计划，当遇到困难时格外烦躁；在等待未知的消息时，总会显得坐立不安；和他人发生矛盾时，特别容易冲动。在学业上的表现则是好高骛远、急功近利，但又不想付出努力，经过一段时间后看成绩没有起色，就放弃了；尤其是努力后却又看不到成效，就更容易造成越急越成功不了的情况。

小化的脾气特别急。有一次，妈妈让他去买酱油，话还没听完，他就嚷着"知道了，知道了"，跑了出去。可他走了一半才想起来自己忘带钱了，于是只好回家去拿钱。回家拿了钱出来，在半路上又想不起妈妈到底让他买哪个牌子的酱油，只好又返回家去问妈妈。小化的急性子不仅表现在生活方面，在学习上也同样如此，平日不肯用功，每逢考试前两天就临阵磨枪，但这样总不能达到预期的效果。爸爸妈妈都替他着急，这孩子什么时候能变得从容一点儿？

人们产生急躁的情绪，与对问题的认识有关。当人们意识到问题很紧迫、很严重时，往往就会产生急躁心理。急躁会使人心神不安，甚至会出现情绪上的紊乱状态。急躁的人容易灰心。如果急躁情绪支配了一个人做事的态度，那么这个人想要取得成功是很困难的，久而久之，自信心也会因此消耗殆尽。

一般而言，孩子有急躁情绪，既有自身的原因，也有受环境影响的原因。有的孩子急躁，是本身气质类型决定的。胆汁质的人容易急躁。胆汁质的人充满着必胜的信念和进取心，试图超越所有人，学习或工作比较勤奋，自觉性强，总是觉得时间非常紧迫，从而表现得急躁。但胆汁质的人往往智力较高，能力较强。

孩子缺乏克服困难与战胜挫折的能力也会表现出急躁的情绪。有些孩子对一件事感兴趣时常常给予极大的热情，可是，当遇到困难或挫折，例如，由于知识的欠缺或是其他原因，学习不得要领而导致失败，他们的兴趣也随之减弱。不久，他们又对另一事物产生兴趣，但因为同样的原因，结果也是失败。如此反复，由于缺乏应对困难和挫折的能力，孩子遇事就会烦躁不安。

另外，孩子因为受到父母的过分溺爱，也容易产生急躁心理。有的父母凡事亲力亲为，不让孩子插手，久而久之孩子就养成了依赖父母的习惯，孩子一旦脱离了父母的帮助就会无所适从。如果在生活和学业方面遇到不顺心的事情，孩子就容易产生急躁的情绪。

嘈杂的生活环境和学习环境也是使孩子产生急躁情绪的原因之一。如果孩子长期处于嘈杂的环境中，那么孩子很难静下心来学习，甚至看见书本便烦躁不安，在焦躁中学习很容易养成急躁的个性。

孩子急性子，往往给他们的学习、生活带来不利的影响，父母要正确地引导孩子，帮孩子消除急躁情绪。

父母要让孩子认识到急躁情绪的危害。父母应告诉孩子，做任何事都要有一个过程，切忌急功近利，"欲速则不达"，并结合孩子以往因急躁而失败的例子讲解，使孩子认识到急躁的危害性，在情绪没有稳定时不采取行动。

父母要教孩子遇事学会冷静，做事之前认真思考，做好准备等，多给自己提问题，这样会使头脑冷静下来。

父母还要培养孩子良好的行为习惯，增强孩子的自制力。在日常生活、学习和工作中，加强对孩子良好行为习惯的培养，有规律的生活秩序、有条理的处事习惯，有利于帮孩子克服急性子的毛病。

按计划行事，会让孩子做事情有明确的目的，有利于孩子克服急躁情绪。父母应该要求孩子在做事情前制订好计划，明确行为目的，按计划内容做事。

父母应该教孩子自我暗示，教育孩子当遇到急躁情绪的困扰时，就默默地对自己说："冷静解决问题，急躁无法解决问题。"在默念的同时深呼吸。

对孩子的感觉和情绪，父母都应持理解的态度。孩子的任何感觉和情绪都应该被允许。如果孩子做错了事，父母就对其一顿打骂，这样只会让孩子产生急躁的情绪，甚至还会产生怀恨心理。

享有盛名的美国教育家斯特娜夫人某天被女儿维尼夫雷特问了这样一个问题："我能去同学家里玩吗？"斯特娜夫人回答道："12点半以前回来就可以。"可女儿回到家的时候整整比约定时间晚了20分钟。斯特娜夫人见女儿回来了，她什么也没有说，只是指了一下墙上的钟。女儿马上就反应过来了，歉疚地说："对不起，是我不对，回来晚了。"吃完饭，女儿赶紧去换衣服准备去看电影。这时，斯特娜夫人又指了指钟说道："今天看电影的时间恐怕不够了。"女儿难过地流下了眼泪。接着，斯特娜夫人说了一句十分惋惜而又耐人寻味的话：“这真遗憾！”

毫无疑问，斯特娜夫人教育孩子的手段是高明的，寥寥数语就达到了惩罚和教育孩子的目的。她明白孩子已经知道错了，而且感到歉疚，并为不能够去看电影而伤心。如果这时斯特娜夫人一味地苛责孩子，那么孩子很容易变得急躁，甚至会埋怨母亲。

专家谏言：

修身养性可以调节一个人的情绪。对孩子而言，通过修身养性来调节情绪，可以增强自身的忍耐性和涵养。这是改善和缓解急躁个性的有效方法。比如，父母可以指导孩子练习书法、临摹画作等需要耐心的活动，这些活动可培养孩子的耐心和韧劲，久而久之就会养成不急躁的习惯。

让孩子学会克制，培养孩子的耐心

> 教育是陶冶身心，培养健全的个性，以便能够从容不迫地适应生活中的各种变化。这是从学校和课本知识中所得不到的。主要负担落在母亲的肩上，她必须帮助孩子发展自我克制的能力，加强他们的品行的培养。真正的爱并不是迁就孩子，让他们随心所欲，而是随时约束和教育他们。
>
> ——甘地夫人

在现实生活中，当一个孩子能够克制欲望，不是想要什么就只会和父母撒娇哭闹时，人们就会说这是个懂事的孩子，以后会成为一个成功的人士。那可能有人会问，克制欲望与成功有什么样的关系？有这个疑问的人很多，而为了探求问题的答案，美国心理学家沃尔特·米切尔就做了"成长跟踪实验"。

沃尔特·米切尔亲自选择了一所幼儿园里的十几个四岁儿童，将他们带到了一间封闭的屋子里。然后，沃尔特将包装精美的糖果发放给这些孩子，并对大家说："你们随时可以把这些糖吃掉，但你们要是能等到我回来还没吃糖，我就会额外奖励你们两颗糖。"说完，沃尔特就离开了。

沃尔特走后的 5 分钟内，没有一个人乱动。接着，有两个小孩忍不住了，开始吃糖，这下引来了很多的跟风者。到最后，约有一半的孩子吃掉了自己的糖果。沃尔特在 40 分钟后回到屋子，他如约给那些遵守规则的孩子发放了额外的奖励。

沃尔特对这些孩子做了后续的跟踪调查，那些能够克制自己吃糖的孩子，数学、语文成绩要比那些没有克制自己吃糖的孩子平均高出20分；懂得克制自己的人，在成长的过程中，很少在困难面前低头，他们富有责任心和自信心，容易赢得他人的信任，能够坚强地应对挫折和压力，走出困境，获得成功。而那些经不起诱惑，急不可耐吃掉糖果的孩子，在成长的过程中，容易有自卑、固执、犹豫、压抑的个性表现。他们遭遇挫折时往往心烦意乱，退缩不前，做出胆怯逃避的行为。

这个实验证明：自我克制、克制欲望是一个人取得成功的重要因素，它甚至比智力因素更为重要。在现实生活中，那些有所成就的人，往往能够把一个个欲望累积起来，变成激励自己不断前进的力量；而那些无所事事的人，总是凭着一时冲动，放任自己的欲望，做出不负责任，甚至违法犯罪的行为。

这里所说的自我控制、克制欲望的能力，就是心理学上的"延迟满足"效应，它是一种为了实现更有价值的长远目标，达到更好的效果，甘愿放弃即时满足的选择，是一种在等待中显示出来的自制能力。拥有这种能力的人能够抵制诱惑，不受外界环境的影响，坚持不懈地达成目标。这种忍耐和坚持是一个人走向成功的重要品质，是一个人心理成熟的表现。没有这种忍耐，在重复单调任务的时候可能因为厌倦而半途而废；没有这种坚持，在追求理想时可能会被周围事物诱惑，享受即时的快乐而偏离了方向，导致一事无成。因此，为了实现远大的目标，获得辉煌的成功，我们需要克制内心的欲望，放弃眼前的诱惑，不心浮气躁，不随波逐流，坚定信心，坚持到底。

人最难战胜的就是自己，也就是说，一个人赢得成功的最大障碍不是来自外界，而是自身。只有控制住自己，才能克制住欲望，让诱惑在你面前屈服。在我们周围，有些人执着于理想，走着比常人艰辛的道路，他们忍受孤独寂寞，甘于清贫寡欲，难道他们不愿享受舒适的生活吗？当然不是，但是他们更愿意实现自己的理想，达成自己的目标。尽管有些目标的实现需要坚持十年，甚至几十年。前进的道路，绝不会一帆风顺，途中遍布困难和艰险，正可谓"宝剑锋从磨砺出，梅花香自苦寒来"。

原子学说的创始人道尔顿说："如果我有什么成绩的话，那不是我有才能的结果，而是勤奋和毅力的结果。"意志是一切发明创造的工具。为实现目标，我们必须克服不利于前进的情感和行为，用理智掌控大局，即使是自己不喜欢的事情，也必须要做。哪怕是对自己的一点儿小小的克制，也会使我们变得更加有力，这就是我们常说的战胜自己。

在现实生活中，诱惑无处不在，欲望随时发生。然而，诱惑需要抵御，欲望需要克制，世界并不是以某个人为中心，人活着必须学会等待，学会控制自己的情感和行为。这一点，父母必须告诉孩子。

人生好比走路，要想穿过这条路，到达终点，需要具备两个条件：一是，我们要找到这条路；二是，我们要坚持走完这条路，二者都需要忍耐。在寻找路的时候，我们必须去尝试，只有经过多方面的尝试，才能够确定我们的道路。这时需要我们有足够的耐心，面对一次次的徒劳无功，不沮丧、不放弃。

走上这条路，依然需要耐心。尽管我们选定了路，但并不知道这条路有多长，也不知道这条路的情况如何，如果遇到岔路就迷茫，遇到坎坷就焦躁，走着走着我们就会不耐烦，丧失信心，怀疑自己当初的选择，抱怨命运的不公，后悔自己开始的决定，最后不了了之，半途而废。其实，这样的失败，又怎能怨得了命运呢？要怨就怨自己没有忍耐，要知道，耐心是一切成功的秘诀。

著名生物学家童第周是一个很有耐心的人。在童第周小的时候，父亲特意为他书写了"滴水穿石"的条幅，意在告诫童第周世界上没有穿不透的顽石，只有没有耐心的人。

父亲去世后，童第周的大哥把他安排到宁波师范预科学校读书。一个学期以后，童第周把自己想考效实中学的想法告诉了大哥，效实中学是当时全省著名的学校。于是，大哥对他说："效实中学是用英语讲课的，你的英语根本不行，肯定考不上的。"童第周却不这样认为。他谨记父亲说的"滴水穿石"的话，坚信只要自己够耐心、够努力，就没有做不成的事情。

为了准备考试，童第周每天坚持自学英语，除了吃饭，他很少离开书房。

终于，童第周考上了效实中学。进入效实中学以后，童第周继续发挥滴水穿石的精神，年年成绩名列前茅。

柏拉图说："耐心是一切聪明才智的基础。"的确，一个对任何事都有耐心的人，必然不同凡响。因此，父母需要重视培养孩子的耐心，这不仅对孩子的学业有所帮助，而且对他今后的人生将会产生重要的作用。那么，如何培养孩子的耐心呢？

第一，家长要发挥榜样的力量。

孩子做事为人，很多时候都是父母言传身教的结果。很多孩子没有耐心，是因为家长做事也是虎头蛇尾。对待孩子的错误，往往不分青红皂白，一顿打骂；对待孩子的要求，往往不由分说，冷漠拒绝。事实上，要想孩子有耐心，首先父母必须要耐心。比如，家长可以陪伴孩子一起学习。当孩子不断地起身、坐下活动时，父母一直坚持不动地认真看书，孩子会受到父母的感染，学习父母的行为，因而也能够安静、耐心地看书。

第二，让孩子了解耐心的重要性。

耐心是做成一件事情的重要前提。在做每一件事情前，父母要先跟孩子传达耐心的重要性和计划的必要性，如果做事马虎大意，不仅要补上没做完的，还要增加时间来处理相关事宜，耗费精力。有计划、有耐心地做，事情才能做得好、做得快。

第三，让孩子学会等待。

孩子毕竟是孩子，他们的心智并没有成熟，也没有多大的耐心，往往只要想到一件事情，总要急于实现，否则便会不停地吵闹纠缠。这时父母就需要坚持，不做任何让步。如果父母每次都向孩子妥协，孩子就会觉得"爸爸妈妈都听我的，我想怎样就可以怎样"，这样下去，孩子会变得越来越没有耐心。当然，父母也不能生硬地拒绝孩子的要求，大声命令孩子不哭不闹，这样孩子会产生逆反的心理。父母要引导孩子认识到等待是有原因的，也是必需的。

第四，从小事做起，从小处做起。

生活中的任何事情都能培养孩子的耐心，比如洗碗、叠被子、擦桌子等。一开始，孩子往往会很好奇，做得很开心。渐渐孩子变得不认真起来，这时家长要及时引导孩子，告诉孩子不论做什么事情都要保持认真的态度，直到他们静下心来，认真把事情做完。

经过小事的锻炼后，孩子的耐心习惯有所形成。这时，家长要故意给孩子设置一些有难度的"关卡"，以此来培养孩子克服困难的精神。每当孩子完成一件事情的时候，家长要给予鼓励和支持，用正面的回应延续和强化孩子这种良好的行为。

专家谏言：

我们常常会听到有父母责怪自己的孩子过于任性，过于娇弱。可是他们很少从自己身上找原因，其实，正是他们溺爱的行为助长了孩子的娇惯。法国著名教育学家卢梭曾说过，你了解什么办法可以让你的孩子痛苦吗？那就是让他想要什么就有什么。他得到的越多，想要的也就越多，迟早有一天，你不得不拒绝他，这种意料不到的拒绝，对他的伤害，远远大过他不曾得到满足的伤害。这很值得家长们反思！

别让多疑成为孩子成长的绊脚石

> 母欺子，子而不信其母，非所以成教也。
>
> ——韩非子

曹操是乱事中的枭雄，有着多疑的性格，《三国演义》中就对此有描写。在刺杀董卓的计划失败后，曹操和陈宫一起逃至吕伯奢家。曹吕两家是世交。吕伯奢准备杀猪设宴款待曹操，但曹操听到磨刀声和"缚而杀之"的话语，便大起疑心，以为是吕伯奢要杀自己，于是不问缘由，便将吕伯奢一家杀害。曹操因为猜疑心理而导致了一场悲剧。

猜疑心理的主要特征：遇事敏感，受挫后容易意志消沉，甚至不爱搭理周围的人，每日唉声叹气。具有猜疑心理的孩子，会对世界上的各种事物感到怀疑、担心、害怕。

小萝是小学四年级的学生，平时不怎么爱说话。最近，她总有种周围人和自己过不去的感觉，尤其是同班同学。有些同学在班里无意看了小萝一眼，小萝马上说对方"看什么看"；看到同学在一起议论话题，她就认为大家在议论她；有的同学在下课时无意碰了她一下，她就觉得对方是故意和自己过不去。老师处理这些事情，小萝总认为老师在偏袒对方。

由于小萝猜疑心很重，她在班里一个朋友也没有。小萝感觉很委屈，认为自己很不幸，世上没有人喜欢她。

多疑的人往往仅凭主观臆测就对别人抱不信任态度，整天疑心重重，认为人人都是虚伪的和不可信任的。

孩子多疑是一种对世界不信任的心理表现，他们常常在没弄清楚事实之前就妄下定义，并且总是从消极的方面去思考、判断。往往别人无意识的行为会被他们误认为是对自己的敌意，从而造成和他人之间的矛盾。

有一天，同寝室的小冬在收拾东西时，不小心将一袋零食放在了旁边小月的床上。小月生怕弄脏了自己的床铺，就瞪了小冬一眼。其实小冬和其他同学并没有注意到这一情况。可是小月立刻后悔了，她怕其他同学看见，不巧的是，正好有一位同学抬头看小月，小月便不好意思地笑了笑。

接下来，敏感的小月非常担心，怕同学说自己太小气。于是，她小心地留意其他同学的反应，也不去上晚自习。恰好看她的那位同学又问她："今天你怎么不去上自习呢？"小月认为这是让她走开，好和别人议论她刚才瞪眼的事儿。

第二天晚上，大家一起去吃饭，小月回来晚了，见其他人正说笑着，便认为她们一定彼此说好了，真的不理她了。小月总觉得别人用异样的目光看着她。她想肯定是这个同学和全班同学说了这件事情，这下全班同学都知道她是个小心眼的人了。

小月的疑心越来越重，听到同学们在笑，就认为他们是在笑自己。为此，小月整天坐立不安，担心别人在背后说她坏话。不久，小月患上了神经衰弱，学习成绩也下降了。

多疑会让孩子变得心胸狭隘，性格内向，如果不及时纠正这种不良心理，不仅难以维持人际关系，还会对身心健康产生消极影响。

一般来说，抑郁型气质的孩子比较爱猜疑，他们有着细腻的情感，总能抓住别人不易发现的细节。有些孩子爱猜疑则是出于消极的自我防御。他们曾经被别人欺骗过，为了防止这种伤害再次发生，就不再轻易相信任何人，与此同时还把别人往坏处想，久而久之就形成了猜疑心理。

家庭环境也和孩子的猜疑心理有着密不可分的联系。如果家长是多疑的，或父母对孩子持有不信任的态度，也会造成孩子的猜疑心理。

孩子形成猜疑心理，会严重影响其生活、学习和交往的各个方面。因此，父母要从细节入手，关爱孩子，用真挚的关怀和爱心去化解孩子心中的猜疑，让孩子克猜疑的心理。

首先，父母要培养孩子辨别是非的能力，让孩子分清什么是好的，什么是坏的。

有些孩子是非观念模糊，也容易产生猜疑的心理。有些孩子自认为在某方面不如其他人，但自尊心太强，总会觉得别人在议论自己、看不起自己。针对这种情况，父母要帮孩子提高辨别是非的能力，强化孩子的优点，增强孩子的自信心，让孩子充满信心地生活、学习。

父母还可以利用英雄的事例为孩子树立榜样，引导孩子多读书，读好书，从而丰富孩子的精神生活，开阔视野。

其次，父母应在学习、生活、思想等方面更多地鼓励、支持和开导孩子。

实践证明，在一些不起眼的小事上表扬和鼓励孩子，常会产生较大的激励力量。对孩子而言，这些表扬和鼓励足以表明父母对他们的重视和关心。

宋耀如夫妇共养育了六个子女，他们的三个女儿——宋霭龄、宋庆龄、宋美龄，都是中国近代史上具有深刻影响力的伟大女性。

宋庆龄小的时候很腼腆，和兄弟姐妹在一起的时候，她总是显得最文静。宋耀如很注重为孩子们营造生活环境和气氛，同时乐于从正面去鼓励孩子、夸赞孩子，因此孩子们受益良多。

姐弟几人喜欢在家中的院子里玩耍。有一次，姐弟几个玩起了"拉黄包车"的游戏。宋霭龄扮成黄包车夫，宋庆龄当乘客，妹妹弟弟则跟在后面又蹦又跳。正玩得开心时，不料"车夫"用力过猛，失去了对车子的控制，"乘客"一下被甩了出去。"车夫"知道自己闯了祸，呆呆地站在那儿。"乘客"摔疼了，满肚子委屈和不高兴。

宋耀如正好看到了这一幕，走过来对宋霭龄和蔼地说："做游戏也要有分寸，'黄包车夫'可不是光使蛮力呀！如果伤到了'乘客'，就没有生意了，你说对不对？"宋霭龄不好意思地笑了。宋耀如又转过头来对宋庆龄笑着说："'乘客'能表现出这样的大度，真是了不起！"听到父亲的表扬和鼓励，宋庆龄心中的不快立马散去。日后，宋庆龄真的成为一位既富有爱心和宽容，又勇敢坚强的伟大女性。

父母经常用夸赞的方法，从事情积极的一面去教育孩子，就会让孩子具有坚强的意志。如果宋耀如怜惜地对女儿宋庆龄说"摔疼了吧？吸取教训，下次小心点"，那么对孩子教育的效果就不会如此有效了。

专家谏言：

作为父母，应该教孩子注重社交训练，为孩子创造愉快的人际心理环境，尽量多安排他们参加集体活动。例如，当孩子在社交活动中与对方发生误会时，教孩子同误会的一方开诚布公地谈一谈，及时了解事情真相，以便消除误会。

合理期望，拉近与孩子心灵的距离

> 孩子们遭受的压力是巨大的。它源自环境，包括学校和父母……来自父母的压力之所以可怕，是由于它会对孩子造成深刻的不安全感……
>
> —— 阿兰·布拉克尼耶

医学研究表明，孩子的精神压力过大，会引起身体的不良反应。一些孩子在课堂中或打嗝干咳，或双腿抖动，或目光散乱，或自言自语，其实这不是他们有意"捣乱"或"开小差"，而是由于学习紧张、心理压力过重而导致的神经性紊乱综合征。

孩子情绪紧张，不仅会诱发焦虑症，还会严重影响身心健康。孩子有紧张情绪，家庭和学校的因素都不容忽视。

小远是一名初三的学生，不知从什么时候开始，他发现嗓子发痒的状况在一进教室时就会出现。后来，小远的这种情况愈演愈烈，课堂纪律也因此受到了影响。小远的爸爸妈妈开始误以为孩子存心捣乱，对他进行了几次教育后，发现情况并非如此。于是爸爸妈妈带他到医院进行了多项检查和化验，结果并未发现器质性病变。后来，经医生诊断，小远得的是神经性咽堵综合征，主要是因学习紧张、精神压力过大引起的。

父母对孩子要求过高、过于苛刻，而不考虑这些要求是否超过了孩子身心发育水平，孩子慑于父母的权威，就会整天处于紧张的状态。研究表明，易焦虑、遇事经常紧张的父母传递给孩子的信息也是惶惑焦虑的；而如果家长喜怒无常、喜欢打骂孩子，久而久之，孩子就会变得严重缺乏安全感，从而产生紧张情绪。

父母过度地保护和溺爱孩子，会使孩子缺乏独立性，失去适应社会能力的锻炼机会。当孩子独自置身于新环境时，就会产生困惑，不知如何应对，从而导致紧张情绪的产生。同时，孩子对父母百般依赖，会让孩子不能正确认识自己。当孩子遇到不顺心的事情，就容易紧张、焦虑。

有些父母关系不融洽，他们表现出的焦虑症状就会蔓延到孩子身上。他们通常通过提高对孩子的要求来保持家庭的平衡。孩子下意识地听从父母，不断地提高自己，一旦不能达到目标，就会陷入紧张、焦虑的状态。

在学校，一些教师的教育方法不当，过度追求"高分数""高升学率"，造成孩子负担太重，接受不了这种教学方法，也易形成紧张的情绪反应。

管教孩子是父母的重任，当孩子承受巨大的精神压力时，父母应该正确地对待孩子，帮孩子缓解紧张的情绪。

首先，父母不要对孩子太过苛求。据统计，独生子女学习成绩越差，则学习压力越大。因此，在学习上，父母不要对孩子太过苛求，要保证他们有足够的睡眠和娱乐时间。同时，父母应尽量减少孩子的学习负担，让孩子提高课堂学习的效率。

主持人白岩松深受家庭文化影响，他对孩子的教育是阳光式的。他认为，人生不是竞技，不用刻意去争第一，追求更好强过追求最好。

他在寄给孩子的"人生邮件"中说："高高在上的人也许是脆弱的，众人之上的滋味皆尝，如再有下落，感受的可能就是悲凉，于是，就将永远向前。可在不同的生命阶段，第一总是在诱惑着每一个人，每一个人因此而背上了沉重的负担。第一并不意味着就是人生的冠军，风光得了一时，风光不了一世。时代风向标在不停地变幻着，站在队伍最前面的名字总是最先被吹走。争第一的人，目光时刻停留在对手的身上，为了得到第一，甚至不择手段。也许每一次你都能赢，但夜深人静的时候，你能抚平心灵上的亏欠吗？何必把争来的第一当成生命的奖杯！"

白岩松认为音乐对孩子的成长很重要。他曾向一位哲人请教过，为什么今天的人们还是需要一两百年前的音乐抚慰？这位哲人答，人性进化得很慢很慢。让孩子爱上音乐，会抚慰他们的心灵。走进音乐的世界里，孩子会学会用自己的感受去激活生命。那些熟悉的乐章，将会成为生命与心灵的接力。

其次，父母应该不溺爱也不放纵孩子，让孩子在挫折中学会独立。天下没有不爱孩子的父母，爱孩子是父母的本能。但是父母对孩子的爱需要理智，不能无限制、无分寸地爱孩子，反之，就会变成溺爱。

井上美智代是井上美由纪的母亲，为了照顾女儿她放弃了自己的事业。她不像其他父母那样什么都不敢让孩子做，而是什么都放手让孩子亲自去做。

井上美由纪是早产儿，出生时体重只有 500 克，并伴有先天性失明。让人难以置信的是，这个盲女儿在学骑自行车时吃尽了苦头，却得不到母亲的任何帮助。母亲井上美智代不去扶跌倒在地的女儿，看到女儿摔破了膝盖和手肘，强忍着泪不去帮她。自行车摔得变了形，把手也摸不着了，井上美由纪只好趴在地上不停地摸索。在一次骑车之前，她对母亲生气地说道："妈妈，你要不跟在我后面，我肯定要摔倒的。"

妈妈却狠心地说道："跟在后面，你几时才能学会？"

女儿被激怒了，一遍遍地骑上了自行车，却又一遍遍地摔了下来。母亲对女儿的恳求丝毫不动心，她坚持认为，自己如果帮女儿，女儿就学不会骑自行车，因为自行车是一个人骑的。

事实证明，母亲狠心地将女儿推开，主张凡事要靠孩子自己去努力，最终换来了井上美由纪梦想的实现。后来，她在全日本盲人学校演讲大会上获得了冠军，在发表获奖感言时，井上美由纪说："从今天开始，妈妈流下的都会是幸福和喜悦的泪水。那将是我要实现的梦想。"

后来，井上美由纪写成的《在黑暗中拥抱希望》一书成为日本当时最为热销的书籍之一。

父母对孩子的关心和帮助、激励与引导，才是真正的爱。真正的爱不是一味地呵护与照顾，也不是盲目地强制或代替。

专家谏言：

父母应帮孩子进行全身的自我放松训练，消除孩子紧张和焦虑不安的情绪，如果能够对孩子配合游戏或音乐疗法进行练习则效果更好。

对已经出现焦虑症状的孩子，我们一定要及时引导和疏通。对于轻微症状的孩子，主要通过教育方法及心理支持的方式来缓解紧张的情绪。

第七章

教字诀：家风传承，言传身教

　　优良的家风需要靠一代代人的传承，如果父母自身有诸多恶习，却希望自己的孩子能够有良好的修养和习性，这是不可能的。俗话说"上行下效"，家长的言行举止都在潜移默化中影响着孩子。这意味着，欲要从严治家，必先修其自身。

良好的家风需父母以身作则

> 对家庭做一番调查，其中最重要的一个发现，是证实了家庭确实影响到我们的社会问题，那就是一般人的是非观念混淆不清。而建立生活的是非观念最好的办法，是父母在日常生活中的以身作则。因此，作为教育孩子的父母，必须小心检视自己的行为。
>
> ——里根

优良家风，既可以带来极强的社会效应，还可以惠及子孙后代。古人说："刑于寡妻，至于兄弟，以御于家邦。"意思是说君王能够做妻子的楷模，再及于兄弟手足，以此来治理天下。这就意味着，欲要从严治家，必先修其自身。

父母是孩子的第一任老师，也是孩子最好的学习榜样，更有人形象地说"孩子是父母的影子"。可以说，家长的言行举止都在潜移默化中影响着孩子。所以，如果希望孩子能做到某些事情，或者对孩子提出某些要求，家长首先要衡量一下自己能否做到。

父母教育孩子的标准是什么？道德、修养、思想等都是家长教育孩子的重要标准。一些父母在教育孩子上重言传轻身教，只是要求孩子该怎样去做，却不能自律，不能在实际行动中给孩子做出好的榜样，不能用行动去感染孩子。比如，一些父母整天嚷嚷着让孩子别贪玩，要把精力放在学业上，而自己却沉溺于各大娱乐场所；一些父母教育孩子要孝敬老人，而自己对父母却不孝也不顺，经常在孩子面前大声责备老人；一些父母教育孩子用语要文明，待人要礼貌，而自己却满嘴脏话，对人粗鲁。很难想象，一对不求上进、天天玩乐的父母能教育出一个品德良好、学习优秀的孩子。

李明是某小学六年级的学生，有一天，他在放学后向班主任诉苦："我妈妈很不好，老是要我好好读书。"班主任纳闷了，问他："这有什么不好？"

"妈妈经常挂在嘴边的几句话就是，我现在让你住楼房，等你长大有本事了就给妈妈买个公寓住；妈妈现在供你读书多不容易，等你长大有钱了就把妈妈送去国外生活……妈妈自己的工作都做不好，还老要求我一定要考重点中学……"李明一五一十地将心里话都说了出来。

班主任这才弄明白，难怪李明想不通，原来他是觉得妈妈现在对他的付出，都是为了在未来向他索取呢！虽然大人们都理解这位妈妈，只是在向孩子展望美好的未来，可是，在孩子看来，大人这样做很自私，对自己放松，却一味严格要求孩子。

"如果全村最好的白菜是妈妈种出来的，我就会佩服她；如果杭州最干净的马路是妈妈扫出来的，我就向她学习。可是妈妈……""妈妈老说，她就这个样子了，可她为什么就不想办法改变自己呢？"李明的这些话让班主任感触良多。妈妈为什么就不能改变呢？这是孩子最大的疑问。

父母的表率在教育孩子的过程中显得尤为重要。孩子通过观察，会从父母那里了解到什么事情可以做，什么事情不可以做，从而得出自己的行为准则。父母起到好的表率作用，才能间接地影响孩子、教育孩子。所以，身为父母，凡事都要严格要求自己，为孩子做个好的榜样。

孩子认为父母做不到的事情却要求自己做到，这样是不公平的。有这种想法的孩子怕父母的训斥，往往是迫于父母的威严才只好努力做下去。这样，父母在孩子心中的威望就大打折扣。当孩子连最亲近的人都不信任了，他还有什么人可值得信任呢？随着孩子日渐长大，他会对所有人产生怀疑，甚至包括社会。他会把自己封闭起来，对很多事情毫无兴趣。

教育界的一些专家认为，经常对孩子提这要求、那要求，最后只能产生两种结果：要么孩子非常懂事，要么孩子被压力逼得自暴自弃。每一个人都可以改变，孩子可以改变，父母当然也可以改变。家长应该扮演起做好榜样的角色，这才是孩子最好、最成功的第一任老师。

不少父母对此有所认识，听到类似的教育理论他们也会有所觉醒，但在生活中他们又不自觉地继续做着早已习惯了的那一套，把有关的教育理论忘得一干二净。所以说，想要改变孩子，做父母的首先要改变自己。想让孩子变成一个什么样的人，做父母的就先变成那样一个人，给孩子做做榜样吧！

专家谏言：

　　成为孩子的榜样，是教育孩子的关键方式之一。英国心理学家希尔维亚·克莱尔说："如果你自己都不准备去有所成就，你也不能期望你的孩子去做什么。"其实父母只要把自己分内的事情都做好了，给孩子做一个好的表率，孩子自然就会受这种积极因素的影响，向好的方向发展。

孩子撒谎是否父母的问题

> 成功的家教造就成功的孩子，失败的家教造就失败的孩子。
>
> ——泰曼·约翰逊

撒谎，是一种不良的生活习惯，是一种人格的缺陷。没有一个父母，希望自己拥有一个热衷撒谎、善于撒谎的孩子。然而，越是对孩子说"你别撒谎，否则爸爸就会打你"，你就会发现，孩子似乎变本加厉了……

为什么会如此呢？心急如焚的父母不妨从自己的身上找找原因。是不是在平常生活中，你就有撒谎的习惯？如果答案是肯定的，那么，你就别指责孩子了，赶紧把那副凶巴巴的表情收起来吧！

李蕾是个乖巧的好女孩，很少惹父母生气。爸爸妈妈也希望她能够健康成长、学业有成，因此格外看重她的学习成绩。只要成绩好，爸爸妈妈就很高兴，会奖励她不少东西，但如果她成绩不好，爸爸妈妈就会责骂她。

一天，妈妈正在逛街的时候碰上了李蕾的班主任。从聊天中，妈妈意外得知，李蕾上次拿给她的考试成绩单是假的，分数是李蕾自己改动的！

这个消息使得妈妈勃然大怒，回到家里一把抓住李蕾，大声训斥道："你怎么敢对我撒谎！和你说过多少遍，考多少就是多少，别弄虚作假！告诉我，你这是和谁学的！"

李蕾大哭了起来，说："我这样就是学你们的……有一次，单位让你加班，你打电话说身体不舒服拒绝了加班的要求。可是，你最后去逛街了。你还问我，'妈妈聪明吗？'为什么你撒谎就对，我撒谎就不对？"

妈妈一愣，一时间竟无言以对。

可以看出，李蕾之所以学会撒谎，关键就是受到了母亲的影响。如果父母在平常生活中当着孩子的面撒谎，孩子就会将父母的一言一行看在眼里、记在心里，有样学样。所以说，孩子撒谎最主要的原因就是受到了"榜样"的影响。

父母必须明白，在孩子的成长过程中，自己才是他的第一任老师。你做什么，孩子就会学着做什么。你是个"恶人"，那么孩子就很难拥有"善良"的基因。孩子依葫芦画瓢，最后又被你批评，他就会无所适从，分不清什么是对的什么是错的。试想，这样的教育有谁会接受，又如何能成功呢？

要想让孩子从小就做个诚实的人，父母在教育孩子时，就要做到以下这几点：

第一，父母要做诚实的榜样。

想要做好孩子的榜样，那么父母必须做到言而有信。比如，当你许诺要送孩子一个变形金刚，可是你没有买，还说"妈妈忙，没有时间去买了"，孩子就认为你是在撒谎，也学着你的这种方式来"应付差事"。父母一定要杜绝这种事情的发生。

倘若是工作上的事情，父母必须要对领导或同事说出"善意的谎言"，那么父母应该避开孩子的面，在较为封闭的环境中进行。不要让谎言被孩子听到，使他产生"撒谎有理"的错误判断。

第二，平静对待孩子的撒谎。

父母一旦发现孩子撒谎，不要变得暴跳如雷。孩子撒谎，你强调的重点不在于要他坦白承认说谎，而在于讨论当事实已经摆在眼前时，他为什么还要坚持否认。父母要让孩子知道，撒谎是一种非常不好的行为，撒谎的严重性要远远大于错误本身。

刘岩的妈妈在上班时突然接到老师电话，说刘岩打了同学。老师让刘岩带着写好的书面材料找家长签字，可刘岩却迟迟没有把家长签字的材料拿给老师。

妈妈急忙赶回了家，看见刘岩正呆呆地坐着。她按捺住火气，说："岩岩，今天有没有什么东西要交给妈妈呢？"

"没有呀！"

妈妈依旧没有发火说："我接到老师的电话了，说你应该有一份书面材料要给我。"岩岩把头低下去，喃喃地说："我不小心弄丢了。"

　　妈妈见他不肯承认，于是说："没把书面材料拿回家，就托词说'我弄丢了'，但实际上你弄丢了吗？"

　　岩岩知道妈妈什么都知道了，只好乖乖地说："妈妈，对不起！"

　　妈妈继续缓缓地说："因为你打人，我该罚你两天不能看电视，但是你又撒谎，所以罚你三天。假如你知道我们迟早会知道这事，你会怎么做？"

　　岩岩说："我不知道，但你们肯定会生气。"

　　妈妈笑了笑说："就算我们生气，也是因为爱你呀，即使你三天不能看电视，那也是很短暂的时间。你现在明白了撒谎会得到加倍的惩罚了吧？"

　　岩岩说："妈妈，我错了，我以后再也不撒谎了！"

　　刘岩妈妈的心平气和，既让孩子认识到了错误，又避免了一场争执，这种方法，非常值得父母借鉴。

　　第三，孩子承认错误，父母要及时表扬。

　　如果孩子主动向父母说明自己撒了谎，那么父母一定不能再训斥，否则就会让孩子产生"我认错你们也训我，那我以后还是撒谎好了"的心理。

　　正确的方法应当是父母如此表示："我很高兴你告诉我，我相信你是可以信任的。你要是继续撒谎，我会罚你在两天的时间内不能看动画片。但现在，你只需为自己犯下的错误负起责任，我就把'罚单'减少一天。"这样，即使孩子以后撒了谎，也会很快承认错误，不会顽固到底。

专家谏言：

　　对于孩子撒谎的问题，家长首先要从自身寻找问题，看自己是否给孩子起到了坏的作用。其次，即便孩子一开始撒谎，也不要粗暴地用打骂来对待，要找到孩子撒谎的原因，然后进行劝导和化解。打骂只会抑制孩子的一些欲望，对孩子改正缺点的帮助不大。

父母脏话连篇，孩子如何学好

懂得尊重自己的人，也会懂得尊重别人，这包括尊重自己的孩子在内。

——顾振飚

　　每个父母都不喜欢说脏话的孩子，毕竟脏话连篇会导致一个人的形象大打折扣。因此，在生活中，我们经常会看到这样的场景：孩子刚冒出一句脏话，父母就动手教训他了。

　　合理的教育的确能让孩子杜绝说脏话。然而，如果父母就是一个出口成"脏"的人，孩子每天生活在充斥着脏话的家庭环境里，那么无论如何教育，也都无法起到积极的效果。尤其是有的父母不懂得控制情绪，总习惯"以脏治脏"，污言秽语层出不穷，孩子自然难以改掉说脏话的毛病。

　　一天，王磊的爸爸正在上班，突然接到幼儿园老师的电话。老师说王磊在幼儿园里总是骂人，怎么讲也不听劝，希望家长能前来一起教育。

　　爸爸听完，自然是火冒三丈，飞速赶到了幼儿园。他看见王磊正在一群小朋友的中间，指着一个小朋友大声说道："你怎么这么笨！连这么简单的动作都不会，真不知道你妈是怎么把你养大的！"

　　王磊的话顿时让其他小朋友安静了下来，而那个被他骂的孩子更是号啕大哭。然而，王磊仿佛并没有过瘾，继续骂："哭什么哭！没用的东西！"

　　王磊的这一举动，让爸爸羞愧万分，他走过去拎起王磊的耳朵骂道："小兔崽子，谁XX教会你说脏话的！看我不打断你的腿！"

　　见到爸爸来了，王磊顿时浑身一颤。不过，他迅速镇定下来，大声喊道："爸爸不讲道理！凭什么你能说，我就不能说！你说我就说！我不喜欢爸爸，爸爸是个废物！"

　　王磊的话让爸爸愣住了。他没想到，自己在孩子的心里是这个样子，他更没想到，孩子居然对自己有这么大的敌意！他在心里低声地问道："难道，我的教育方法真的错了吗？"

王磊爸爸的教育方式，非常具有代表性，不过却是坏的那一方面。不少父母在教育孩子时，总是采取打骂的方式，出口成"脏"，严重地污染了家庭的语言环境。但父母却以为，自己的这种态度恰恰能体现自己的地位与权威，于是乐此不疲，各种不雅的词汇便成了口头禅。然而这样的父母，又特别喜欢对孩子强调"文明礼貌"。心口不一、不能以身作则，这样的父母能够教育好孩子吗？

还有的父母则习惯把工作中的不满带回家里，一关上家门便口不择言，仿佛与这个世界有着血海深仇一样。可是你是否留意到，孩子正在一旁盯着你？别忘了，你是孩子的第一任老师，当他遇到不满时，自然也会采取这种方式来泄愤！

为了教育出一个好孩子，那些满口脏话的父母要赶紧行动起来，做出积极的改变。

第一，郑重地向孩子道歉。

父母的脏话有时候属于口误，例如在教育孩子时，突然有些急躁才脱口而出。这个时候，父母不要转移话题，更不要想方设法地掩藏，而是应当诚恳地说声"对不起"。然后，父母可以解释刚才的行为，并对自己的做法感到懊悔。

"你真是气死我了，怎么又在这道题上做错了？真XX笨！"

看着婷婷的试卷，爸爸情急之下，突然冒出了这样的一句话。刚说完，爸爸立刻捂住了嘴，意识到自己说了脏话。话已经说了，还有道歉的必要吗？爸爸有些犹豫。婷婷站在一旁，有些沮丧地看着爸爸，说："爸爸，对不起，你别骂我了好吗？"

看着女儿楚楚可怜的样子，爸爸心软了，抱住她说："应该说对不起的是我！婷婷，爸爸刚才一着急才和你说了脏话，真是对不起！你能原谅爸爸吗？"

婷婷说："爸爸，我当然原谅你啦！谁让你是我的爸爸呢？"

"女儿真乖！"爸爸在她的额头亲了一口，"爸爸也原谅你，这道题下次不能再错了！"

"遵命！爸爸也不能再说脏话啦！"

"哈哈……"

就这样父女俩笑成了一团。

我们都知道尊重别人就是尊重自己，这句话对孩子也是适用的。其实向孩子说句"对不起"，父母根本不会丢面子，反而会赢得孩子的尊重。一句简单的道歉，孩子就能明白说脏话不好的道理，能感受到父母的真诚，从而对自己的言行进行约束。

第二，改掉自己的坏习惯。

说脏话的习惯并非一朝一夕养成的，因此改正起来自然有一定的困难。但是为了孩子的健康成长，父母就要下决心改掉自己身上的那些坏习惯，以防"遗传"给下一代，不仅让自己丢面子，以后孩子还会继续丢面子。

如果父母的确感到自行戒除有难度，那么不妨求助于社会这个大学校。例如，可以报名参加礼仪培训班，在文明的环境中扭转自己的行为；还可以多参加大型活动，在友好的氛围中逐渐改掉坏毛病。无论这个过程有多艰难，为了下一代，我们必须咬牙去改变。

专家谏言：

父母总是希望孩子做个优秀的人。可是父母是否想过，他们在要求孩子时，自己有没有给孩子树立良好的榜样。因为孩子的模仿能力很强，所以当父母面对孩子的时候，一定不要把自己平时那些恶习展现出来，否则会给孩子不好的印象，孩子也很容易进行模仿，养成同样不好的习惯。而当父母对孩子进行管教时，孩子就会理直气壮地说"你这样可以，我为什么不行？"自知理亏的父母也就没办法做到以理服人，教育好孩子了。

发牢骚时请远离孩子

> 要教育好孩子，就要不断提高教育技巧。要提高教育技巧，那么就需要家长付出个人的努力，不断进修自己。
>
> ——苏霍姆林斯基

如今人们生存的压力越来越大，很多人把抱怨当成了最快捷的宣泄方式。在生活中，抱怨如影随形般地跟着人们。抱怨工作中的不顺，抱怨工资跟不上物价的涨势，抱怨孩子学业不如意，抱怨邻居家打扰了自己的休息……如果这是为了宣泄一时的不满倒没有什么大碍，但在孩子面前抱怨就不妥了。

刘紫娟放学回家后一脸的不高兴。经过妈妈的一再追问，才发现原来是因为考试成绩不理想所致。妈妈让紫娟好好分析一下，找找没考好的原因。没想到紫娟找出了一大堆借口：什么同桌上课说话，影响她听讲；这次考试题目偏难；老师讲课声音小等。

妈妈见紫娟就是不说自己的原因，就忍不住问她："为什么不找找自身的原因呢？"没想到紫娟却理直气壮地说："我有什么问题，原因根本不在我。让我从自己身上找原因，你怎么不反省一下自己？"

"你没考好，我反省什么？"妈妈一脸迷茫，认为是女儿考砸了想推脱责任。

"你怎么了？你每天一下班就抱怨公司那堆破事，我烦都烦死了，哪有心情写作业？"

遇到这种情况，不管孩子是不是在推脱责任，做父母的都应该反思一下自己对孩子的影响。很多家长说起孩子的问题总是滔滔不绝，就是看不到自己的问题，也很少反思自己——我做得怎么样？家长在让孩子从自身找原因的时候也应该审视一下自己平时的行为，看看是不是自己或家人平时的行为举止影响了孩子。要知道，家长的形象代言人就是孩子，孩子的言行举止都和父母的教育息息相关，所以父母要给孩子做好榜样。

几位家长坐在一起谈论最多的莫过于抱怨孩子。抱怨孩子的理由有很多，贪玩、不自觉、懒散、没有自己小时候悟性高，或是抱怨孩子做得不如别人家孩子优秀……

其实，教育孩子是一个漫长的过程，在这个过程中，家长难免会遭遇一些挫折。确实，抱怨可以宣泄一时的不快，让自己短时间内变得轻松，但实则是用负面思维影响了自己，无形中推卸了自己教育孩子、引导孩子的责任，换言之，就是为了自己失败的家庭教育找借口。

此外，对孩子现状的不满并不是家长唯一的抱怨目标，职场的压力、生活的烦琐杂事、天气的骤变、油价的上涨、房价的居高不下等都一起掺杂进来。他们常常在孩子面前抱怨个没完，总是把自己表现得楚楚可怜，有时在旁人的劝说下，他们会抱怨得更厉害，甚至还会发点脾气。孩子长期受到这种心态的影响，就会觉得只要出现问题，就可以用抱怨的方式来解决。

人生在世，遭遇风浪是在所难免的事情，抱怨不能从根本上解决问题，反而会将更糟糕的负面结果带到现实生活中去。如果人的抱怨情绪占据主导位置，那么他以后就会变得越来越消极。所以，做父母的应该跟家人有个约定，为了孩子的健康成长，不管遇到什么事，都不要在孩子面前抱怨。

专家谏言：

抱怨解决不了任何问题，父母如果总是在孩子面前抱怨，就会让孩子也养成这样一种不好的习性。当孩子稍有不如意时就会抱怨，并且在做错事时，也会推卸责任，抱怨其他的小伙伴，从对方身上找原因。而这种推卸责任的行为最终将使孩子在社会上无法立足。

引导孩子做一个懂得分享的人

> 尊重他人的、有责任感的孩子，产生于爱和管教适当结合的家庭中。
>
> ——詹姆斯·多伯森

很多父母在说起自家的孩子时，都会用上"霸道"这个词。如今很多独生子女的确很霸道：自己的东西，决不让别人碰；爱吃的食物，就连爸爸妈妈也不能尝一口。

父母不明白，为什么孩子会变成这样，并且怎么说他也听不进去，难道只有打骂才有效吗？其实，孩子不愿分享，很大程度上是父母教育不当造成的。父母不懂得分享，孩子自然就会染上霸道的"怪病"。

小峰浑身胖乎乎的，体型又较大，所以在幼儿园里，他也就成了"霸道小皇帝"，总让小朋友们听他的，自己的东西他们绝对不能碰。即使在家，他也是如此。每次奶奶做红烧鱼时，总会把鱼身给小峰吃，其他人只能吃鱼头、鱼尾。于是，小峰养成了一种习惯：每次吃饭都把鱼放在自己面前。

看着孩子这个样子，爸爸不由皱紧了眉头。这天，奶奶又做了红烧鱼，爸爸把鱼放在中间的位置，并且夹了一块儿鱼肉。

这时小峰不干了，大喊道："鱼是我的，你们不许吃。"

爸爸生气地说："这鱼是奶奶做给大家的，为什么我们就不能吃？"

"骗人！奶奶明明就是做给我一个人的！"

这时候，妈妈也说话了："儿子，别这么自私，你要懂得分享……"

小峰一生气，把筷子也扔掉了，说："那你们怎么不分享你们的汽车？那次张叔叔来借汽车，你为什么要找借口推辞？人家又开不坏！你可以，为什么我不行？"

"你……"爸爸还想训小峰，但刚一开口，却什么话也讲不出来了。

小峰正是现实生活中一些孩子的一个写照。尤其是在餐桌上，孩子的那份霸道会更加表露无遗：孩子成了餐桌的中心，所有的菜都要以孩子为主。这时候，孩子既不会照顾爸爸妈妈，更不会尊敬爷爷奶奶。

除了吃的，漫画书、玩具，只要是孩子的东西，他们就决不会与人分享。看见别人碰，他们就会大哭大闹，认为别人侵犯了自己的权利。

而从小峰的案例中，我们可以清晰地看到：孩子不懂得分享，关键就在于父母的"坏榜样"。平常生活中，父母总是说些"咱们家的东西，干吗借给别人"这样的话，无意中就会被孩子听见。于是，孩子也会理所当然地认为：自己的东西，干吗要与别人分享。

自私的父母想要教育出懂得分享的孩子，这无异于天方夜谭。正是在潜移默化中，父母培养了孩子这种"唯我独尊"的心理，为孩子的霸道行为铺了路。等到他长大时，他会感到人际交往非常困难，那时自然会抱怨父母当年的所作所为。所以，想要改变孩子的这种心理，单纯的口头教育是绝对没有效果的。只有以身作则，孩子才能懂得分享的道理。

第一，做不吝啬的父母。

孩子天生爱模仿，因此，父母就应该成为他的正确榜样。例如，当自己得了奖金时，不妨请同事们"撮一顿"，最好还能带上孩子，让他看到自己的大方；有了一幅名贵字画也不要藏着掖着，可以邀请好朋友一起到家里欣赏。听着别人赞扬你的话，孩子也会认为：原来爸爸这么厉害，能得到所有人的喜爱！

当孩子把父母当作骄傲时，他自然会模仿父母的行为，也会与他人分享自己喜欢的东西。因为，他也想得到别人的赞美。

第二，分享孩子的快乐。

孩子是爱父母的，所以有了快乐，第一时间就会想到跟父母分享。这个时候，父母千万不要推辞，而是应该加入孩子的快乐之中。

一个秋日的下午，大龙在院子里荡秋千。这时爸爸从一旁经过，他急忙拉住爸爸，说："爸爸，咱们一起玩吧！"，不过，爸爸显得非常着急，只是说了句"你自己玩吧"就走出了院门。

刚走出几步，爸爸突然意识到，孩子难得叫自己一起玩，自己何苦拒绝呢？于是他又返回了家里。大龙看到爸爸回来了，之前的沮丧一扫而光，拉着爸爸荡秋千、打皮球，度过了一个愉快的下午。

晚上睡觉时，爸爸看见大龙的脸上依旧挂着笑容，他才明白孩子的快乐是要分享的！于是，以后的每个周末，他都会和孩子一起玩耍，一起收获喜悦。渐渐地，孩子的性格开朗了，朋友也越来越多了，跟小朋友们在一起时自然也表现得大方、礼貌，成了不折不扣的"孩子王"！

与孩子一起分享快乐，就是为了让孩子感到：分享会让快乐成倍增加！

第三，及时赞扬孩子的分享行为。

如果看到孩子拿出玩具和其他小朋友一起玩，此时父母一定要及时赞扬他的这种行为，这样才能强化孩子的优点，让他明白这是好的行为，并养成乐于分享的好习惯。

专家谏言：

要孩子懂得分享，父母就要做到两点：一是自己也要是一个热爱分享的人，并且让孩子参与进来，让孩子感觉到乐此不疲；二是当孩子做了分享的事情时，父母要毫不吝啬地给予鼓励和夸奖，让孩子对此感到开心，并且觉得很自豪。

对孩子要做到信守承诺

> 家庭是政治社会的原始模型：首领是父亲的影子，人民就是孩子的影子。
>
> ——卢梭

恪守承诺应当从家庭开始，如果家庭成员间都没有做到信守承诺，那么进入社会后，他也就很难有一诺千金的操守。作为父母，要给孩子灌输"许人一诺，千金不移"的思想，要求孩子以及家庭所有成员，无论何时何地，都要说一不二，做不到的绝对不要承诺，以免在别人大失所望的同时，也使自己失去了信用。

许诺是一种激励手段。家长许下的诺言能实现，会对孩子起鼓劲、促进和教育的作用；反之，家长许诺后不能兑现，总给孩子开"空头支票"，那么，这个诺还不如不许。

对于妈妈的言而无信，小玲总是很无奈："有一次，我最擅长的语文考砸了，就对妈妈撒了谎，说是成绩还没有公布。后来妈妈得知成绩已经公布了，就追问我怎么回事。我却不肯把分数告诉她。妈妈向我保证说即使分数很不理想，也不会呵斥我。冲着妈妈许下的这份诺言，我将实情告诉了她，没想到妈妈却出尔反尔，我不光挨了一顿骂，还挨了一顿打。后来妈妈警告我，只要一出成绩就要第一时间告诉她，不要瞒她。经过这件事后，我还怎么相信她？"

子曰："人而无信，不知其可也。"意思是说，人要失去了信用，不知道他还可以做什么。根据调查发现，如果一个人许下承诺，能否兑现将直接影响到别人对他的综合评价。

每个父母都知道诚实守信的重要性，对同事、对领导、对客户都会尽可能遵守承诺。可是对孩子，许多父母却认为孩子还小，做不到也无所谓，于是有些父母经常给孩子开一张张的"空头支票"，令孩子一次次地失望。

也有的家长为了哄孩子乖乖服药，会骗孩子说"不苦"；为了让孩子乖乖打针，就骗孩子说"打针不疼"；孩子的同学打来电话，为了不影响他学习，每每以"他不在"或者"他睡着了"回绝。孩子在无形中就学会了说谎。

还有的家长常常记不起答应孩子的"小事"，更别说兑现了。这些家长认为"我连带他去旅游都答应了，电脑都给他买了，陪他逛街之类的小事又算得了什么"。所以，很多时候正是家长先破坏诚信的约定的。家长的信誉度慢慢降低了，孩子也就不愿相信家长的话了。

那么具体来说，父母要怎样做才能给孩子做好信守承诺的榜样呢？

第一，家长要以身作则。

家长没必要为调动孩子一时的积极性而说大话，承诺孩子自己根本做不到的事情。因为它只能迫使孩子完成眼前的任务，而不能使孩子坚持不懈地付出努力，久而久之造成了孩子不讲诚信的坏毛病。言出必行，只要孩子提出的要求是合理的，家长一旦答应就要想方设法去兑现，兑现承诺不仅能取得孩子的信任，还能促进父母、孩子之间的感情。

第二，家长不能兑现承诺，应告知孩子原因并加以弥补。

在许诺之前，家长一定要想想自己能不能做到。如果做不到，就不要轻易向孩子许下诺言。当然，的确有困难没办法兑现诺言也是可以理解的，但一定要向孩子道歉并加以说明，并另行约定履行事宜，如："真的对不起，宝贝！爸爸单位临时通知要加班，不能陪你看电影了，咱们改成下周末可以吗？"记住，此时父母一定要慎重，确定自己更改的事情一定能够完成，不能再变了。

第三，孩子不能兑现承诺，告诉孩子可能会出现的后果。

如果孩子自己许下的诺言没有兑现，家长一定要及时引导孩子不可言而无信，不要因为别人不重视自己的承诺，就不兑现。如果孩子经常言而无信的话，就会对孩子造成一种承诺兑不兑现都无所谓的态度。

总而言之，父母言出必行的态度，将会给孩子带来积极的影响。因为在生活中给孩子树立起诚信的好榜样，就等于在孩子幼小纯洁的心灵中播下了诚信的种子。

专家谏言：

　　信守承诺，是人的精神品质，是一个人最后的靠山。我们不仅在工作中要秉持"言而有信"的理念，也要教育子女从小守信用，不能不兑现自己说过的话。

家庭教育，首先是家长自己的教育

家庭教育对父母来说首先是自我教育。

——克鲁普斯卡娅

有一次，墨子看到一个人染丝时若有所悟，他感到，人生不正和这染丝是一个道理吗？人就好比是丝，社会就好比是染缸，本来这丝是洁白的，然而把它放在青色的染缸中它就变成了青色，放在黄色的染缸中，就变成了黄色。同理，孩子生性并无善恶，就像一张白纸一般，孩子今后形成的善或者恶很大程度上都是来自周围环境的影响。

孩子出生之后，接触最早，也是最多的便是父母，父母的性格、行为、作风、思想都会给孩子造成莫大的影响。要想让孩子能够形成正确的道德标准，为人正派，家长就要不断加强自身修养，提高自身的认识，以自身的良好举动和思想去影响孩子，为孩子做出示范，给孩子树立一个学习的榜样。榜样的力量是无穷的，尤其是孩子的第一任老师——父母。

著名科学家钱三强和著名核物理学家何泽慧夫妇，不仅在学术上有着严谨的态度，在对待子女的问题上，他们同样丝毫不曾懈怠。他们知道孩子的性格会受到父母很大的影响，因此，他们特别强调父母自身的行为以及榜样对子女品性和习惯的影响。

由于钱三强夫妇都是杰出的人物，家中条件各方面也较为优越。他们非常担心孩子会因为父母和家庭环境的关系变得铺张浪费而丢掉俭朴的品质。因此，钱三强夫妇首先从自身做起，希望能够给孩子做个好榜样。

他们在生活上一向节俭，从来不追求奢华。何泽慧总是穿着自己的"老三样"：晴天一双平底布鞋，阴天一双解放球鞋，雨天一双绿胶鞋。只有一条咖啡色的头巾，已经洗得发白了。钱三强的生活就更俭朴了，他总是说："衣服嘛，能穿就行；东西嘛，能用就行！"

父母这种良好的行为习惯给孩子做出了良好的表率，孩子长期耳濡目染，自然也就养成了好习惯。钱三强家中的三个孩子没有一个讲究吃穿、讲究派头的，他们待人谦虚、礼貌，从来不和他人攀比，上学的时候也不搞特殊，和其他孩子一样乘坐公交车去上学，穿和同学们一样的校服。他们在为"人"和为"学"上，都成为同龄人中的佼佼者。

家庭是孩子心灵的避风港。很多孩子的性格形成都和家庭环境密不可分。性格健全、活泼开朗的孩子必定有一个幸福的家庭；而一个郁郁寡欢、心事重重的孩子，往往是因为家庭可能发生了什么变故，或者父母因感情不和而整天吵闹，弄得家里乌烟瘴气。孩子回到家中便面对父母毫无笑意的脸，感受着紧张压抑的气氛，这些都会在孩子幼小的心灵上留下巨大的创伤，这是孩子一生都难以弥补的心灵上的痛楚。因此，为了给孩子一个良好的成长环境，家长就要注意自身言行，改变自己曾经存在的恶劣行为，别让这些恶劣因素影响到孩子。而想要给孩子提供一个良好的成长环境，父母就要做到如下几点。

第一，家长要言出必行。

如今的社会，个人信用危机越发严重，很多家长喜欢说空话，对他人失信，对孩子失信，久而久之，孩子也会养成讲空话的习惯。因此，凡是要求孩子做到的，父母自身先要做到，凡是禁止孩子做的，家长绝不可越雷池半步，真正地将"言传"变为"身教"。凡是答应孩子的，就一定要为孩子做到。比如，平时答应孩子周末全家去公园玩，结果孩子兴致勃勃地等待了好几天，到了周末家长又要找各种借口推脱，长时间这样下去，孩子就会对家长产生失望心理，家长在孩子心目中的形象也会一落千丈。

第二，家长要注意提高自身素质，为孩子做一个好的表率。

一个本身就不爱学习，只知道吃喝玩乐的家长；一个品行庸俗、行为恶劣、思想低下的家长是不会教育出好孩子的。家长平时要养成良好的爱好和行为习惯，比如平时多读些书，在给孩子做出良好榜样的同时，也提高了自身素质，拓宽了自己的思维，增加了见识，还能够给孩子的一些问题进行答疑解惑。另外，家长可以有意识、有步骤地教给孩子一些待人接物的礼仪，循循善诱，持之以恒，让孩子从小就受到美的熏陶。

第三，家长要养成良好的行为习惯。

这些行为习惯包括生活习惯、劳动习惯、学习习惯、工作习惯、卫生习惯等。同时还要注意生活中的细节，家长要从生活的各个方面去影响孩子，让孩子成为一个全面发展的优秀人才。

专家谏言：

由于孩子年纪尚小，认识浅薄，辨别能力弱，缺乏主观判别性和独立性，容易以别人的行为作为自己的行为标准。在孩子的眼里，父母的行为就是一把标尺，他们认为父母能做的，他们也能做；父母怎样做，他就应该怎样做。因此说，父母是孩子的第一任老师。

第八章

宽字诀：人非圣贤，孰能无过

　　没有谁一生下来就是完美的。大人都会犯错，更何况是孩子。家长在教育孩子的时候，不要总觉得所有事孩子都应该知道，任何东西孩子都应该懂得。教育孩子最大的忌讳就是"急功近利"，家长要懂得给孩子犯错的机会，而当孩子犯错了，也应该只针对问题本身，绝不可以对孩子进行"侮辱"。正所谓，"人非圣贤，孰能无过"。

给孩子一个犯错的机会

> 任何人都要犯错误，人从降生的那一天起，便不断地犯错误（小孩子的弄火伤手、吃东西、戏水等，都是一串的犯错误的过程），只有在不断地犯错误，不断地碰钉子的过程中，才能逐渐懂得事情。
>
> —— 刘少奇

　　每个人的成长之路都不是一帆风顺的，所有人都会犯错，不管是成人还是孩子。但是，有一些父母却不允许自己的孩子犯错，认为在自己精心呵护和谆谆教导下，孩子还总是出错是难以理解的。他们怀着求全责备的心态，无法容忍孩子犯错。这类父母经常因为孩子的一些小错误，而无情地训斥孩子，给孩子的心理带来沉重的压力。

　　放学了，王虎约了几个好朋友一起打篮球。没想到，王虎中途没控制好篮球，一不小心篮球飞了出去，正巧打中了旁边看球的小朋友的头。由于力度比较大，小朋友的头一会儿就肿了。

　　晚上，小朋友的妈妈找到了王虎家里，心疼地说道："你家孩子把我儿子的头给打了，你看，肿了好大一个包呢！"

　　"对不起，阿姨，我不是故意的。"王虎连忙道歉，虽然当时他已经竭力表示了自己的歉意。

　　"什么？你怎么把人家给打成这样了？怎么回事？"妈妈生气地质问王虎。

　　"打篮球的时候不小心打到他了。"王虎回答。

　　妈妈一听更加火冒三丈："你这孩子，你说你都会干啥？打个篮球都打人头上去了！真给我丢脸！"

"妈妈，我说了，我不是故意的！"

"你还顶嘴，错了就是错了。下回再出现这样的事情，你就别想再玩篮球了！"妈妈指着王虎的头说道。

王虎觉得自己没有错，妈妈竟然还当着外人的面骂自己，他伤心极了，关上房门，眼泪止不住地往下流。

"这孩子就是不懂事！大姐，您见谅啊……"妈妈又连忙给小朋友的妈妈道歉。那位妈妈一时也不知所措，她没想到一件小事竟然闹成这样，本来想借着看王虎打球，顺便让自己的孩子跟着王虎一块儿学篮球呢！

父母应该懂得，孩子犯错误是一件很平常的事情，不要像故事中王虎的妈妈一样，因为孩子的无心之举而武断地训斥他，这样做只会深深地伤害孩子的自尊心。如果王虎妈妈能够抱着宽容的态度，明白打篮球误伤他人有时候是无法避免的，再稍加提醒和教导，最后就不会变成这样了。

父母应该清楚成长中的孩子心智还未成熟，不能要求孩子做到十全十美。有些父母，为了防止孩子再犯同样的错误，还会对孩子严厉指责，甚至会棍棒相加，让孩子幼小的身心饱受摧残。

父母要理解孩子，了解孩子身上的不足，要允许孩子犯错误，让孩子明白犯错误并不可怕，可怕的是犯了错误却不承担责任。从某种程度上来说，孩子犯错并不是一件坏事，父母可以在孩子犯错的时候好好地教育孩子，通过分析犯错误的原因，帮助或引导孩子找到正确的做法，从经历的错误中累积经验教训。只有这样，孩子才能不断进步和成长，这可比不让孩子犯错强多了。

父母在孩子的成长路上总是习惯溺爱孩子，生怕孩子磕着碰着，舍不得孩子受挫折。其实，这并不能真正地帮助孩子，父母不是万能的，无法呵护孩子一生，以后孩子独立生活时，如果无法自我保护，又该怎么办呢？所以，父母要允许孩子在生活里摸爬滚打，让孩子在不断犯错中学会自我成长，这样孩子才能变得有担当。

妈妈给赵力买了一辆自行车，让赵力学骑车。一次，赵力在学骑车时不小心摔倒了，人受了伤，车也摔坏了。

回到家，赵力很害怕，担心妈妈责骂他，于是一直都低着头默不作声。妈妈发现儿子不对劲儿，就问："赵力，你怎么了？"

赵力不敢说话。妈妈又耐心地说："赵力，不要害怕，有什么事情就告诉妈妈。"

"妈妈，我……我把自行车摔坏了。"赵力吞吞吐吐地说。

"啊，摔啦，那你有没有摔伤？"妈妈心疼地问。

"擦破点儿皮，没关系的，可是自行车骑不了了。"

"噢，原来是这样。没关系的，学骑车哪能不摔呢？人就是在摔倒中长大的嘛！自行车坏了修一修就好了。"妈妈开导赵力说。

"妈妈，我知道了。您真好！"

很多时候，孩子犯错是由好奇心引起的，父母不仅要允许孩子去犯这类错误，还要引导他大胆去探索。但是如果孩子犯的是原则性的错误，例如欺负弱小、偷窃、撒谎等，父母就一定要让他知道，那是不被允许的行为，并且还需要通过适当的惩罚让孩子引以为戒，不再犯类似的错误。

专家谏言：

孩子的成长需要成功的快乐，也离不开失败的痛苦。父母允许孩子适当犯错，孩子才能经历更多的磨炼，在痛苦中体会到成长的快乐，在挫折中真正成长。

吾日三省，给孩子一些时间思考

> 吾日三省吾身：为人谋而不忠乎？与朋友交而不信乎？传不习乎？
>
> ——曾子

其实每个人都要有自我反省的精神，要敢于正视自己身上存在的缺陷和不足，不断地修正，不断地全面提升自己。善于自我反省的人，能够总结每一次成功的经验与失败的教训，在下次做事的时候能够发挥长处，避免重蹈覆辙；而不善于自我反省的人，则会一次又一次地陷入同一个失败的深渊当中，难以取得什么进步。

赵亮一直想要养宠物，他最喜欢毛茸茸的小动物了。最近赵亮的学习成绩有了明显的提高，所以爸爸就答应送赵亮一只小猫作为奖励，并让赵亮承诺，一定要好好照顾这个小伙伴。赵亮高兴地答应了下来。

实际上赵亮属于三分钟热度的孩子，当养宠物的好奇劲儿过去之后，他就开始嫌麻烦了。每天都要帮小猫准备食物和水，还要清理小猫的排泄物，赵亮觉得太辛苦，但已经答应了爸爸妈妈会照顾好小猫，如果他现在再说不想要小猫了，爸爸妈妈肯定会训斥他的。

不想被爸爸妈妈训斥，又觉得照顾小猫很痛苦，慢慢地，赵亮开始疏远小猫，并把积攒的怒火发泄在小猫身上。

一天，当妈妈正在厨房做饭的时候忽然听见一声小猫的惨叫，她连忙跑出去看发生了什么事情，只见赵亮正在用脚踢小猫，小猫蜷成一团可怜地叫着，仿佛在求赵亮住手，可赵亮却没有停下的意思，相反还不解气地又踢了两下。

妈妈赶忙制止赵亮说："赵亮，你怎么能这样对待小伙伴呢？你不是答应了爸爸妈妈会好好照顾它吗？"

面对妈妈的训斥，赵亮就像没听见一样。

妈妈见他这个样子就要抬手打赵亮。幸好爸爸这个时候走了过来，拦住了妈妈。

"赵亮，如果躺在地上的是你，爸爸用力地踢你，你会怎样？"爸爸问他。

"我会疼，会哭，会讨厌爸爸。"赵亮不假思索地说。

"是啊，你挨踢会疼，会受伤，会哭，会讨厌爸爸，那你用脚踢小猫呢？小猫就不会疼，不会受伤了吗？"爸爸继续说。

赵亮不作声了，思索了片刻，他对爸爸说："我错了，我不该这样做，以后我再也不会欺负小猫了。我一定会好好照顾它，就像爸爸妈妈照顾我一样。"

爸爸欣慰地揉了揉他的头。

上面这个故事中，面对赵亮的错误，妈妈打骂的方法并不会奏效，而爸爸循循善诱的方法就能让赵亮发现自己的错误，并做到自我反省。日常生活中，家长应向赵亮的爸爸学习，不要只靠批评来教育孩子，而应让孩子主动发现自己的错误，学会自我反省。

许多成功人士在谈到自己取得成功的心得体会时，总是会说："不停地犯错误，然后反省并改正它。"一个人之所以能够攀得更高，走得更远，就是因为他能够不断自我反省，自我提高，越过一个又一个的顶峰。

孩子年幼，活泼好动，犯错误的时候也多。当孩子犯错误时，家长不要不问缘由就一顿斥责，这样容易引起孩子的反感，甚至会激起孩子的逆反心理。家长可采用冷静的态度，从侧面引导孩子进行自我反省，认识自己所犯的错误，从而帮助孩子形成正确的是非观。那么，家长要怎样做才能让孩子学会自我反省呢？

第一，冷处理法。

孩子犯了错误之后会有一定的自责心理，如果父母发现孩子犯了错误，不要给予纠正，最好当做什么都没发生过，等找到恰当时机再对其进行教育，引导其进行自省。列宁的妈妈就是这样教育列宁，引导他自我反省的。

有一次，列宁跟随妈妈去姑妈家做客，他不小心打碎了姑妈家的一只花瓶。姑妈问："是谁打碎了花瓶？"列宁由于害怕被责骂就没有承认。列宁的妈妈对此事心知肚明，但是她没有当面拆穿列宁，而是装出相信他的样子，一直没有提起这件事。每当空闲时，她都有意识地给列宁讲诚实守信的美德故事，等待儿子能主动认错，终于有一天，列宁哭着告诉妈妈："我欺骗了姑妈，欺骗了大家，我说不是我打碎了花瓶，其实是我打碎的。"

听了列宁的话，妈妈欣慰地告诉他，只要向姑妈写信承认错误，姑妈就会原谅他。于是，在妈妈的帮助下，列宁向姑妈写信承认了错误。

第二，让孩子学会承担责任。

很多家长过于疼爱孩子，不管孩子犯了什么错误，家长凡事都替孩子担责任，这样就让孩子觉得反正有什么事都有大人承担，自己做错了也无所谓。如果家长一直这么做，孩子就会逐渐丧失责任心，也不会意识到自己的错误，甚至会走上歧途。所以，家长要让孩子学会自己承担责任，这样孩子才会认识到问题的严重性，才会自我反省，避免再犯类似的错误。

第三，让孩子学会总结经验教训。

孩子犯了错误，家长要引导孩子学会总结教训，比如，"为什么会犯这样的错误，到底错在哪里了"，假如孩子有了这种想法，他就已经开始学会自我反省了。

智者千虑，也必有一失，更何况常人呢！我们如果犯了错误只是一味地抱怨或是后悔，是毫无用处的，也是不可能取得成功的，只有敢于面对自己的错误，承认自己的错误，并做出改变，才能够不断完善自己的品行，不断上进。

专家谏言：

做清醒之人，反省己过，不欺人也不自欺是中华民族的光荣传统，因为这关系到一个人的忠信、廉耻。这些思想，可用来救治世人之病。作为修身的必备条件，作为本质上至纯、至善、至美的品质，它必将随着人类的不断繁衍和进化，越来越受到人们的重视。

批评也要顾及孩子的自尊

> 不要担心犯错误，最大的错误是自己没有实践的经验。
>
> ——沃韦纳戈

　　生活中，有些家长看到孩子犯错误就急了，不顾时间、地点就对孩子大声斥责，更有甚者还动手打孩子。殊不知，这样的教育并没有什么效果，反而会引起孩子的逆反心理，激起孩子的对立情绪，即使孩子认识到了自己的错误，他也不会承认错误，甚至还会强词夺理。

　　人都会有自尊心，孩子也不例外，家长千万不要忽略这一点。尤其是有外人在时，孩子的自尊心会更加强烈。家长如果总是对别人讲自己孩子的缺点或是在别人面前呵斥孩子，孩子的自尊心会大大受到伤害。实际上，孩子的自尊心比成人要强得多。一旦伤害了孩子的自尊，就会使他们受到很大打击。因此，这种当着别人的面批评孩子的做法是非常不明智的，这样非但起不到教育的效果，反而会给孩子心灵上造成不可磨灭的伤害。

　　相反，如果家长懂得尊重孩子，在他人面前赞美孩子，和孩子单独在一起的时候再批评孩子，孩子则很容易接受批评。

　　父母在批评孩子时，要避免使孩子在他人面前感到难堪。俯身采用耳语同孩子讲话或叫孩子到没人的地方悄悄说话是最好的方式，这样做不仅保护了孩子的自尊心，也容易被孩子接受。

　　有的家长总是喜欢用大吵大闹的方式批评孩子，这样一来，四周邻居没有一个不知道的，孩子的自尊心无形中就受到了伤害，遇到邻居也不好意思打招呼，只好低头跑过去。还有的家长喜欢在家里来客人的时候批评孩子，念叨孩子的缺点，在这种情况下，孩子的自尊心也会受到伤害，这样非但不利于孩子改正缺点，反而容易造成孩子与家长的对立局面。

　　一个星期天，同学们应邀来到一位同学家聚会。他们玩得正开心，那位同学的妈妈回来了，一看到家里乱七八糟的，就当着同学们的面把自己的孩子臭骂了一顿。孩子感觉特别没有面子，非常尴尬，一气之下就跑到姥姥家去住了，每天都从姥姥家直接上学。这样的僵局维持了两个星期，最后还是妈妈主动承认了错误，化解了矛盾，孩子才回家。

　　家长在别人面前批评孩子，孩子会觉得特别没有面子，甚至会觉得是在被羞辱，结果是孩子早就把为什么挨训忘到脑后，只留下对父母的强烈反感。曾经就有一个孩子对他的同学说："我恨死我妈妈了，家里一来客人就批评我，越批评我，我越不服，越是要和她对着干。"

　　周末，王阿姨来阳阳家做客，送给阳阳一个包装精美的儿童大礼包。阳阳妈妈悄声交代阳阳，等王阿姨走了才能打开大礼包。但一转眼，阳阳已经把大礼包打开了，抓起一个果冻就吃了起来。

　　阳阳妈妈有些生气，当着王阿姨的面大声说："你这孩子怎么这么嘴馋，真没礼貌！好像八辈子没吃过东西一样……"一语未了，阳阳就生气地把礼包扔到了妈妈身上。

　　为了解围，王阿姨急忙说："没事没事，小孩子嘛。"接着，又微笑着对阳阳说："阳阳，你今年上小学一年级了，告诉阿姨你都会干什么呀？"

　　阳阳挺了挺胸脯，自信地说："我是一个男子汉，会干许多事情呢！我会洗自己的衣服，会帮妈妈洗碗，替爸爸浇花……"

　　谁知，阳阳妈妈打断了阳阳的话："你还好意思说呢，你洗衣服把衣服戳了一个洞，洗碗摔碎了一只碗，浇花时差一点儿就把花从花盆里冲走了。"阳阳的小脸涨得通红，他双手攥拳，气鼓鼓地跑回了自己的房间。

　　后来，阳阳待在自己的小房间里半天不出来，任凭妈妈怎么敲门他都不理睬。妈妈心里很郁闷，"我不就是说了几句嘛，阳阳为何这样气急败坏？"

　　俗话说："人要脸，树要皮。"孩子是独立的个体，有自己的人格，家长经常在别人面前批评孩子会严重挫伤孩子的自尊心。在没人的时候悄悄批评孩子能体现出父母与孩子友好协商的姿态，让孩子感到最终做出的决定是自己思考的结果，而不是父母强加给他的。家长要让孩子认识到，犯错的是孩子自己，改错的也是孩子自己。因此，家长只针对孩子的错误批评他，且别在有他人在场的情况下批评他，因为改正错误就是好孩子，父母不应该让更多人关注到他之前的错误。

专家谏言：

　　家长千万不要忽略孩子的自尊心，发现孩子有不良行为时，不要用恶劣的态度批评孩子，可用皱一下眉、不说话等温和的方式来表达自己的不高兴，也可以在安静的场合和孩子谈谈，引导孩子鼓起勇气正视自己的错误，这样才能帮助孩子形成正确的是非观，还能保护孩子的自尊心。

家风不是用"恐吓"调教出来的

随风潜入夜，润物细无声。

——杜甫

有些家长常常喜欢用"恐吓"的方式来教育孩子。比如说，"妈妈不要你了""不要乱跑，外面有坏人拐卖小孩""别哭，老虎来了"，或者干脆讲一些恐怖的故事使孩子害怕，让孩子听父母的话。还有的家长直接就扮成了"鬼怪"来吓唬孩子，希望借此达到教育孩子的目的。其实，这种"恐吓"式教育会在孩子心里留下阴影，使孩子失去安全感，久而久之会使孩子产生一种恐惧心理，影响孩子身心的健康发展。

很多孩子胆小怕事的性格就是由这种紧张状态所致。孩子在行为上会表现得退缩、逃避，从而影响孩子的探索精神、独立性和社会行为的发展，也影响孩子的认知发展。长此以往，孩子的恐惧感被放大，甚至对外在的、无危险的物体或环境产生极端、持久适应不良的恐惧。

刘女士的女儿芳芳今年5岁，是个活泼好动的孩子，而刘女士却是个喜欢安静的人。

周六，刘女士带芳芳去公园玩了一天，很累，于是想带孩子回家。可芳芳没玩够，说什么都不走。刘女士一气之下抱起芳芳就走，也不管怀里挣扎的女儿。正巧街边有一个的乞丐在墙角睡觉，刘女士就对芳芳说："你看到那个乞丐没有？你要是还这么不听话，我就不要你了，把你送给那个乞丐。"正挣扎的芳芳抬头一看那个乞丐，吓得"哇"的一声就哭了出来。

晚上，刘女士坐在客厅的沙发上看书，在卧室里睡觉的芳芳醒了，她抱着一个洋娃娃跑了出来，对妈妈说："妈妈，你陪我玩'过家家'好吗？"

刘女士不耐烦地说："你自己玩吧，妈妈正在看书。"芳芳跑到一边，对洋娃娃说："妈妈不陪我们玩，那我们跳舞好不好？"于是，芳芳就跳起舞来，一个人玩得不亦乐乎。

刘女士觉得女儿太吵，就回到自己卧室里继续看书。可不一会儿，客厅的音响里就传出了儿童舞蹈的伴奏音乐。刘女士快步走进客厅，说："芳芳，你再这么吵我就去小区门口把那个警察找来抓你了！"

芳芳马上就安静下来了。其实刘女士所谓的"警察"就是她所住小区的保安，他的脸上有一道很长的刀疤，芳芳看见过他并且很害怕。刘女士觉得这个办法好用，就经常在芳芳不听话的时候吓唬她。

接下来一连几天芳芳都特别安静，话也不多，还特别听妈妈的话。直到有一天芳芳的姥姥来了，姥姥刚一进屋，芳芳就大哭着跑进了姥姥的怀里，说："姥姥，你带我走吧，妈妈要让那个吓人的警察抓我……"

刘女士这时候才意识到自己犯了多大的一个错误。

这是多么令人心疼的场景啊！刘女士教育孩子的出发点我们可以理解，但方法并不可取。身为家长至少要明白一点，用"恐吓"的方式教育孩子是愚蠢的行为，这样做非但起不到教育的作用，还会让孩子幼小的心灵受到伤害。

每个人都会有恐惧心理。恐惧有两种，一种是本能，就是对危险的害怕；一种是神经性恐惧，即在没有遇到任何危险的情况下都会感到害怕，比如害怕一个人待着，害怕某种颜色，害怕某种职业的人等。神经性恐惧的患者往往是那些小孩子，而且这种恐惧一旦在幼时形成，就很难纠正。

有个孩子总喜欢跑出去玩，这让爸爸妈妈十分担心。为了让孩子不要到处乱跑，妈妈就给他讲了个鬼故事，告诉孩子鬼最喜欢抓那些自己乱跑的孩子。从此，这个孩子再也不敢乱跑了，出门总要拉着一个人。长大后，孩子知道妈妈不过是吓唬自己的，世界上根本没有鬼。可是，当他独自一个人走在路上的时候，总觉得有种莫名的恐惧感，甚至工作后，还不敢独自出差。

因此，家长不要随便用孩子害怕的东西来吓唬孩子，以免加深孩子的恐惧，更不要用孩子害怕的对象去威胁他。比如，怕医生的孩子，就算是生病了，他也不会去找医生；怕警察的孩子，就算是找不到家了，他也不会去问警察；怕老师的孩子，又怎么可能安心听老师讲课，更不要说让他主动向老师请教了。

当孩子害怕某些东西的时候，家长应该帮助孩子消除这种恐惧心理，而不是利用、加剧这种恐惧心理。孩子会因为经常被恐吓而变得敏感，如果过度恐吓本就没有安全感的孩子，孩子会因此变得自卑，性格上也会变得胆怯。

专家谏言：

孩子自信的建立需要一种安全的环境，这包括生活环境和心理环境。家长的恐吓会成为孩子心里不安的土壤，轻则没有办法集中精力学习，精神分散，重则会将孩子心里的很多恐惧感释放出来，并可能导致自卑。这当然是任何一个家长都不愿看到的。

一味地责备无法造就品格好的孩子

> 孩子的身上存在缺点并不可怕，可怕的是作为孩子人生领路人的父母缺乏正确的家教观念和教子方法。
>
> ——珍妮·艾里姆

做父母的都希望自己的孩子足够优秀，有些心急的父母则会经常斥责孩子，他们认为斥责孩子会让他"长记性"；有些冲动型的父母，一见孩子做了错事，就会脱口而出"你还能干什么"之类的话。

殊不知，简单粗暴的斥责不仅无法使孩子心服，在感受不到父母关怀的情况下，孩子还很容易形成逆反心理。逆反心理一旦形成，不仅会加剧亲子之间的隔阂和冲突，还容易使孩子的心理变得偏激、狭隘。

经常被斥责的孩子，还容易产生巨大的心理压力，与此同时，性格也趋于内向。他们虽然非常厌恶家长对自己的责骂，但同时又在潜移默化中学会了这种解决问题的方式，并施加给他人。由此可见，家长对孩子不能一味地斥责，否则不仅不会让孩子拥有好的品格，还会造成孩子很多负面的恶习。

那是不是说父母就不能批评孩子了呢？当然不是。因为孩子毕竟没有大人那么成熟的思想，家长有义务引导孩子走向正确的道路。谁都有做错事的时候，孩子也不例外，所以批评也是一种必要的教育手段，否则孩子会越来越偏离正确的轨道。只是孩子受到批评后，需要一定的时间才能恢复心理平衡，所以不能时时批评，事事批评。孩子整天处于一种心理极度压抑的环境，很容易情绪崩溃。

有位妈妈，她的职业是教师，她的学生的成绩都很好，所以她对孩子的要求也很严格。她给孩子制定了一套又一套的家规，如在家时，孩子不能大声喧哗，用餐时不能讲话，坐姿要笔直。孩子稍有过失，这位妈妈就对孩子大加斥责。

有一天，学校有活动，这位妈妈中午未能回家。孩子放学回家后，就老老实实坐在沙发上等妈妈回来。整整一个中午妈妈都没有回来，也没有人给他做饭，他就饿了一个中午。下午放学回来，妈妈问他中午吃了些什么，他说什么也没有吃。妈妈说："冰箱里有吃的，你就不知道拿出来吃呀，你是死脑筋啊？"孩子回答说："你没有讲呀！"妈妈大为恼火，训斥他："你真是没用！饿了都不知道吃呀！"

还有一次，这位妈妈在做菜，发现家里的瓶装酱油用完了，于是她叫儿子到商店去买。碰巧，那天商店换招牌，只在门前摆了一个小摊。小摊上只有方便装的酱油，没有平时家里用的瓶装的，由于妈妈没交代是否可以买这种方便装的酱油，所以孩子没敢买，最后空手回去了。回家后妈妈气不打一处来："你这孩子怎么这么死脑筋呀！"

过度斥责不仅会让孩子丧失自信，还容易形成懦弱、怕事、拘谨的性格。教育孩子是一个漫长的过程，不可能在短时间内就见到效果，需要父母戒骄戒躁，耐心地去和孩子沟通。简单的、粗暴的、频繁的斥责，对孩子的成长是不会起到促进作用的。

天恩是个7岁的孩子，刚刚上小学一年级，不过半年来，他已经给父母惹了一大堆麻烦，原因就是他爱打人！上学才三天，他就把一个小女孩的膝盖踢破了，后来又把同学的头打破了，再后来还划伤了同学的胳膊。为了这些事，爸爸妈妈骂过他，打过他屁股，可他还是一犯再犯。有一天，父子俩正在看电视，电话响了，爸爸接完电话怒气冲冲地拉过天恩就是两巴掌，天恩委屈地大哭大叫，爸爸更生气了："说过一百遍了，不许打人，你还敢再犯，我今天打死你算了。"爸爸又打了下去，这一次，天恩竟然挣扎着用小拳头打爸爸，这让爸爸更生气了："真是太过分了，竟然打爸爸！"那天，爸爸狠狠地打了天恩一顿后，把孩子丢回房间去"反省"。天恩一个人坐在地上哭得稀里哗啦，不明白为什么爸爸可以打他，他就不能打人，最后，他得出了一个结论，那就是他不能再打同学，只能打比自己小的孩子。

这是很可悲的，爸爸的"教育"只换来了一个消极结果。这都是因为教育方式不当造成的，如果父母能用批评的方法教育孩子，那么效果一定会好很多。

批评教育是一种正面教育方法。采用这种方法，第一步是指出错误，点明其危害。比如在这个故事中，爸爸就不应该抓过孩子就打，而应该先让孩子知道自己犯了怎样的错误，要指出打人是一种野蛮行为，是为人所不齿的，没有人会和打人的孩子玩，再这样下去，他就会失去所有的朋友。

第二步是分析。如果孩子间发生了矛盾，家长们一定要冷静，不能立即大声呵斥孩子，更不能因为担心自己孩子吃亏而护着自家孩子。而应该让孩子说出事情的原委，然后引导孩子寻找解决矛盾的方法，或是给孩子一些解决矛盾的建议。

第三步是说理。例如，孩子心爱的玩具被别人抢去，孩子急了就会动手打人。这时候，家长应该教育孩子对抢他玩具的小朋友说："这是我的玩具，让我先玩一会儿，等会儿我再给你玩。"或者让孩子友好地与其他小朋友共同玩。

第四步是对比。父母应当让孩子意识到，打人是一种让人多么不能容忍的行为。在孩子打了人后，就用对比法给他分析问题。例如，"孩子，如果有人打破了你的头，让你流血了，那妈妈一定会非常伤心，非常难过，因为妈妈爱你，希望你永远平安。其他的小朋友也有妈妈，他们的妈妈也爱他们，你打伤了那些孩子，他们的妈妈该有多难过啊！"这种对比可以让孩子深刻认识到自己的错误，反省自己的做法。

第五步就是警告。父母应该告诫孩子不要用武力解决和小朋友之间的冲突。父母绝对不会原谅他的打人行为，如果孩子再犯这个错误，就将受到严厉的惩罚。

专家谏言：

　　批评并非单纯的责备，更不是对孩子的否定，而是合理运用激励、警告等多种方式，以达到教育的目的。

孩子"不知道"，要耐心教导

> 我不知道是否有别人比我从父亲那里所得的更多。我用父亲的豁达应付环境的变故，用父亲的乐观创造自己的前程，用父亲的鼓励与宽容的方法教学生和孩子，用父亲对大自然的爱好来陶冶我自己的性情。
>
> ——罗兰

一些家长总是抱怨孩子的不足，比如孩子不知道好好学习、没有时间观念、注意力分散等，家长们不去想问题的症结，只会一味抱怨孩子不争气。其实，如果家长能站在孩子的角度想一想，他们就会发现在孩子身上出现的问题，或者说孩子所犯下的一些"错误"基本上都是来自孩子的"不知道"。例如，孩子因为不明白自己早点做完功课就能得到充足的休息时间，所以做功课的时候总是磨磨蹭蹭的；他们因为不明白合作与爱的道理，所以不知道怎样表达自己的爱，怎样去和别人合作；他们因为不知道自己究竟有多大的能力，所以总是对自己没信心，总是害怕；他们因为不知道朋友的重要，所以总是不和别人接触，让自己慢慢变成一个孤独的孩子；他们因为不知道学习是为了什么，考大学是为了什么，所以他们埋怨自己的父母逼着自己读书；他们因为不知道世界有多大，所以也不知道自己到底有多少选择……

这些"不知道"把孩子局限了起来，孩子知道的往往是书本上那些知识，而不知道书本以外的世界更精彩。作为父母，除了书本的知识，还应该让孩子知道真实的社会，知道外面的世界，知道作为一个人应有的权利和应尽的义务，在孩子接受能力最好的时候帮助他们打开视野，因为孩子的眼界决定了他未来的世界。

　　在教育子女时，往往会出现这种状况：每天父母需要说无数遍，孩子才会磨蹭着起床。父母不厌其烦地唠叨着："你再不起床就迟到了。我不管你了，看你迟到怎么和老师说。"但是为了不让孩子受到老师的批评，父母的警告从来没有实现过。孩子们会悄悄地躲在被窝里说："反正有爸爸妈妈叫我。"所以赖床的习惯迟迟得不到改正。

　　到了晚上父母又唠叨："你做功课的时候能不能认真点儿？我都帮你检查出这么多错的地方，你自己就不懂得仔细检查一下？"孩子又偷偷笑了："我着什么急啊，反正我知道父母会检查的。"

　　这些孩子对于考试也并不是很认真，因为父母比孩子更在意考试成绩，于是他们会着急，督促孩子学习。因为家长的督促，这些孩子的成绩一般不会很差，自然这些孩子也没有体会到学习不好带来的后果。因为没有去体会，所以他们就不会知道哪些地方需要改正。

　　于是，父母的这种行为，把原本该孩子自己做的事情做了，把他们该自己承担的责任承担了。所以，父母有时候需要给孩子制造一点挫败感，因为那是他的选择，他要对自己的行为负责。孩子理解上的偏差就是因为做家长的比孩子本身更在意。只有让孩子经历了，他们才会有所认识。

　　有时候让孩子学会对自己的决定负责，要比教他怎样做事重要得多。

　　明明的爸爸妈妈都是体育教练，在明明 6 岁以前，妈妈让他学习踢足球、唱歌、画画；6 岁开始学习打乒乓球、弹钢琴；10 岁的时候，他就通过搭乘各种交通工具游览了 30 多个城市；12 岁以前，他亲身经历了全国各大田径和足球比赛，看到了运动员哥哥姐姐成功时的喜悦和失败后的痛哭。

　　明明的爸爸妈妈和其他家长一样，希望尽可能满足孩子的需要。6 岁的时候，明明突然喜欢上了钢琴，那个时候钢琴非常昂贵，买一台钢琴大概需要 5 000 块，还要凭票才能购买。家里人想尽了办法都没能弄到一张钢琴票，于是明明的妈妈就给钢琴厂的厂长写了一封信。

　　第二年，明明终于拥有了自己的钢琴。可还没学一年，和很多小朋友一样，明明对钢琴的新鲜劲儿就过去了。按理说，学钢琴是明明提出来的，但妈妈对明明弹钢琴没有任何水平的要求。因为练琴占去了明明玩耍的时间，所以他不想再练钢琴了。他要赖、生气、闹脾气，想尽办法希望妈妈能够和其他家长一样对他嚷，那么他就可以理直气壮地反驳说"我要做我自己"，不要成为满足他们虚荣心的工具。

然而，妈妈从未对明明说过"家长为你付出多少"这类的话，她只是说："明明，以后的路还要靠你自己走，我们能做的只是给你创造机会，你必须为你的行为负责。"因为妈妈一直都没有被激怒，明明也就因为从小坚持练习钢琴而理解了什么是选择和责任。

现在很多父母因为孩子没有珍惜身边的机会而万分着急，他们甚至采取很多过激的行为，但我们不得不佩服明明的父母，在辛苦地为孩子提供了各种机会后还能超脱地置身事外，这其实是很不容易做到的，正是这种不容易让她教会了孩子什么是选择和责任。

作为父母，要帮助孩子去了解一个人应有的权利和应尽的义务，一个人应该做些什么，不应该做些什么。只有了解了这些，才能知道自己的目标是什么，才能激发出对目标追求的动力。

专家谏言：

在孩子成长的过程中，失败是不可避免的。从现在看，孩子经历失败是一件糟糕的事情，但从孩子的未来看，经历失败有助于他们的成长。所以父母要允许孩子失败，不要因外界的影响和攀比心理的干扰而否定孩子，要给孩子成长的机会。

第九章

巧字诀：家风教育，与时俱进

孩子需要一个成长的过程，在这个过程中，不同年龄阶段的孩子会有不同的思维和行为方式，这就意味着，如果父母想要取得最佳的教育效果，就要针对孩子各个年龄段的特点，采取不同的教育方法。

不同的年纪，不同的教育方法

当我还是个不谙世事、学习成绩相当糟糕的孩子时，父亲给我的是爱和鼓励；当我成了一名推销员时，他给我以不遗余力的帮助；但是当我行将执掌拥有成千上万职工的企业大权时，他却迫使我在每一个重大问题上和他争论，使我了解他思考和处理问题的方法。

——小·托马斯·沃森

每个孩子都有一个成长的过程，在这个过程中，不同的年龄阶段，有不同的思维和行为方式，这就意味着，如果父母想要取得最佳的教育效果，就要针对孩子各个年龄段的特点，采取不同的教育方法。随着孩子的长大，父母的教育方法也应该跟上步伐，做出调整。然而，现实生活中，有的家长不了解甚至常常无视孩子的年龄特征，教育方法一成不变，这就在无形中影响了孩子的成长。

小杰上高中了，可是在妈妈眼里他依旧还是那个没长大的孩子。

一天，同学打电话约小杰一起去打篮球，妈妈接起电话说："小杰不去啦，他有点儿不舒服。"

妈妈刚放下电话，小杰就气冲冲地吼道："妈妈，你都没有问过我的意见，干吗跟同学说我不去啊？"

"你不是生病了吗，再出去如果严重了怎么办？"妈妈说。

"我自己的身体我清楚，你为什么要替我做决定啊？你这样同学们会觉得我多娇气啊！"小杰生气地说。

"你这么小，哪懂得照顾自己啊？"妈妈说。

"妈妈，我不小了，我已经是男子汉了。拜托你以后尊重一下我，好不好？"小杰说。

"妈妈哪里不尊重你了？我都是为你好。"妈妈语重心长地说。

"唉，跟你没法沟通……"小杰无奈地说。

妈妈这才意识到，孩子长大了，跟以前不一样了。

上高中的小杰表现出了自主的意识，想要独立决定自己的事情，可是妈妈仍旧将他当成没长大的孩子，擅自替儿子做决定。妈妈没有考虑到小杰的变化，这就阻碍了亲子沟通。

孩子是一步一步成长的。小学阶段的孩子还处在教育的启蒙时期，他们好奇心强，想象力丰富，对父母还有较强的依赖性。这时候父母应该做孩子的导师和顾问，引导孩子探索未知的世界，更多地培养孩子的兴趣，发现孩子的特长和潜能，给孩子一个为兴趣和梦想而快乐生活的童年。在学习上，这一阶段的父母首要任务不是提高孩子的学习成绩，而是调动孩子学习的积极性。只要孩子从心底里愿意学，那么就能为适应初高中较为繁重的学业打下很好的基础了。同时，这一阶段的孩子心智还不够成熟，辨别是非的能力还不够，这就需要父母花费更多的精力引导甚至强制孩子去做一些事情。

进入青春期的孩子，自我意识与思维能力逐渐成熟，尤其是进入高中阶段的孩子心理已达到一个相对成熟的水平。他们虽然在能力上还不足以应对各种复杂的情况，但内心已经开始产生独立意识，希望得到人格上的认可。他们不再像小学时那样认定父母和老师就是权威，而是渴望得到父母、老师、朋友的接纳和尊重。在这个阶段，如果父母没有意识到孩子的变化，还采用老方法管教孩子，不仅没有效果，反而会引起孩子逆反、孤僻等诸多青春期问题。因此，父母首先要做出转变，不能再用过去旧的教育方法来对待渐渐长大的孩子。

"妈妈，我不知道该怎么办。"小君苦恼地问妈妈。

"儿子，怎么了？遇到什么事情了？"妈妈着急地问。

"是这样的，我上个月不是报名参加了作文竞赛吗？昨天主办方通知我明天去参加初赛。"

"啊，真的吗？这是好事情啊，你有什么为难的？害怕了？"妈妈更不理解了。

"不是的，因为明天刚好也是我最好的朋友的生日，这两件事赶巧凑一块儿了，我不知道该怎么办了。妈妈，不如您帮我做决定吧！"小君说。

"儿子，这个得你自己决定啊。"妈妈说。

"可是，妈妈，以前不都是您帮我拿主意的吗？"小君说。

"儿子，那时候你小，很多事情还不明白，所以我要帮你啊，但是现在你长大了，妈妈就应该尊重你的想法，也支持你的想法，你肯定也不喜欢被妈妈逼着做事，对吗？"

"是的，妈妈，其实我以前对您是有些意见的，但我知道您也是为我好。"小君说。

"关于这件事，妈妈可以给你建议，作文竞赛的机会很难得，放弃很可惜，至于好朋友的生日，你可以事后给他补过一个啊，既然是好朋友，相信他也会谅解你的。"妈妈说。

"妈妈，我知道了，我再想想。"小君开心地笑了。这不只是因为事情解决了，更因为他第一次有做大人的感觉了。

孩子一天天长大，也在一天天地蜕变，他们的个子从矮到高，他们的心智从不成熟走向成熟，如果父母仍在原地踏步，以旧方法教育孩子，必然会阻碍孩子成长的脚步。父母的家教观念和方法要与时俱进，要跟上孩子的心智变化，只有这样，才能了解孩子、走近孩子，从而找出最佳的教育方法。只要家庭教育的思路和方法正确，相信培养出优秀的孩子也并不是什么难事。

专家谏言：

青春期的孩子，对人生和世界开始形成比较稳固的态度和观念，意志力有了较大提高，独立自主的需求也很强烈。他们特别在乎别人对自己的看法，希望得到他人的尊重。所以，父母最需要注意的就是尊重孩子，平等地对待他们。

父母的教导需要根据孩子的进步而循序渐进

> 生了孩子，还要想怎样教育，才能使这生下来的孩子，将来成为一个完全的人。
>
> ——鲁迅

有这样一类孩子，他们可能不是天赋异禀，成绩也平平，父母没有对他们抱多大的希望，甚至有些恨铁不成钢。而当有一天孩子从学校拿回一张奖状，或者当孩子学着收拾屋子，把东西摆得井然有序的时候，作为父母应该怎样做呢？是高兴、称赞，还是依旧对孩子的进步不以为然，既不欣喜也不表扬？其实，孩子就是在一点一滴的进步中成长的，孩子的进步需要父母去发现、去鼓励，如果父母对孩子的进步置之不理，那孩子就会对做事失去兴趣，不愿再努力。

小米很爱打扮自己，可是却从来不收拾屋子，自己的房间一团乱，妈妈为此也没少批评过她。

这天，小米试完新买的衣服，看着满屋狼藉的场面，于是心血来潮地收拾了一番。看着干净整洁的房间，小米很开心，心想："妈妈看见了一定会夸我的。"

不一会儿，妈妈来叫小米吃饭，一进屋，就吃惊地四下打量了一下房间。

"妈妈，不错吧，我收拾得很干净吧！"小米自豪地说。

"哦，今天太阳打西边出来啦，是你收拾的吗？"妈妈半信半疑地说。

"妈妈，您竟然不相信我，不信您问妹妹去！"小米有些丧气。

"那你可别三天打鱼，两天晒网啊，以后天天得这样。走，吃饭去。"妈妈说。

小米的心情一下跌到了谷底，原来妈妈根本没把这件事放在心上。

第二天吃早饭的时候，妈妈依旧像往常一样叮嘱小米："记得把屋子收拾了啊，整天乱糟糟的，像什么样子！"

第三天依旧如此，妈妈根本没发现小米被子比以前叠得整齐了，东西摆放更有序了。

几天之后，小米觉得自己天天整理，也没有人看在眼里，还不如随性一点儿随便摆东西，于是她的卧室又变成了原来的样子。

从不爱整洁到主动收拾房间这也是一种进步，但是妈妈却对小米的进步漠然置之。她依然用旧眼光看待小米，不懂得欣赏小米的进步，这必然会挫败小米的上进心，小米的卧室又变回原来的脏乱样子就证明了这一点。所以说，孩子有了进步，父母的教育方式也应该变一变，一个鼓励的微笑，一两句称赞的话语，就能让孩子产生继续努力的动力，何乐而不为呢？

孩子就像小树苗，父母的鼓励和赞扬就像阳光和雨露，树苗如果得不到阳光和雨露的滋养，就很可能会枯萎。因此，对待孩子的进步，哪怕是微小的，父母也应该转变态度，给予孩子鼓励。因为，支持和鼓励不仅能够带给孩子努力的动力，更重要的是，父母言行的变化能够让孩子感受到父母的重视和关爱。父母给予了孩子更多的关注，通过各种方式向他传达了"你很优秀"的信息，孩子就会更有信心和力量，更积极主动地面对学习和生活。

当然，仅仅对孩子予以鼓励和表扬是远远不够的，要想让孩子像小树苗一样不断茁壮成长，最终开花结果，父母还需要对孩子提出新的要求和希望，鼓励孩子争取更大的进步。在孩子原有的基础上，父母可以根据孩子身心发展的规律，给孩子确立目标，规划其进步提升的区间和进度，让孩子的潜力得到更大程度的开发。但有两点父母需要注意：一是要求不要定得太高，如果让孩子产生挫败心理，那就得不偿失了；二是言过其实的夸奖也要避免，因为过度的赏识、不切实际的夸奖有可能让孩子骄傲自满，迷失自我。

专家谏言：

家风的树立需要从细微处着手，但当孩子在家长的教育下一点点树立起良好的习惯时，家长不应该当作是理所当然的，也不应该总是为孩子一点点的失误而严厉批评。适当的鼓励和夸奖能够让孩子感受到自己的成果，同时也能增加孩子的自信心。

树立家风，也需因地制宜

> 如果你担心年轻的一代会变成什么，答案是他们会继续成长，并且开始担忧更年轻的一代。
>
> ——罗杰·艾伦

瑞典教育家爱伦·凯说："环境对一个人的成长起着非常重要的作用，良好的环境是孩子形成正确思想和优秀人格的基础。"对孩子而言，成长环境无疑对他的未来有潜移默化的作用。然而，很多父母对孩子成长环境的认识不足，家庭教育没有紧跟环境的变化，导致孩子出现了叛逆、厌学、逃学等不良思想和行为，也使得亲子关系更加紧张。

红红父母在城里买了新房，一家人随后搬进了城里。城里高楼林立，让从小在乡下生活的红红有些懵，所以自从住这里后红红就不怎么出门。

这天妈妈说："红红，你去帮妈妈买点儿菜吧！坐小区门口的公交车到三台子站，再转一趟 255 公交车就到了。"

"好的。"虽然红红有些担心，但她还是答应了。

妈妈并没有发现红红的不安，在妈妈眼里她从来都是一个自信大胆的姑娘。

"妈妈，我回来了。"中午，红红带着买的菜回来了，还闷闷不乐的。

"怎么这么久啊？你是不是又到处瞎逛了？"妈妈埋怨道。

"没有啊，我找不到公交车站，耽误了很长时间。"红红说。

妈妈也没在意，看了看买的菜，不满意地说："你买的黄瓜怎么这么贵啊？感觉还少秤。"

"妈妈，人家看我是外地人，故意欺负我，我能怎么办？不然，你自己去买啊！"红红说。

"那你就跟他理论啊，不然不买也可以啊。"妈妈说。

"既然知道我不会买，干吗还让我去啊？"红红说。

"哎，你这孩子怎么了？你以前可不是这样的，让你多见见世面还不好啊？"妈妈说。

"有什么好的？在学校同学们排斥我，出去买个菜也被人另眼相看，城里一点儿都不好！"红红不开心地说道。

从农村到城市，环境的变化让红红有些不适应，一个原本胆大自信的女孩变得胆怯了。可是粗心的妈妈却并没有在意，她仍然对红红采取放养式的教育，其实，红红现在最需要的是心理疏导和帮助。如果妈妈能够及时与她沟通，帮助她缓解心里的胆怯和自卑，相信她不久便能找回曾经的自信。

一个人的成长与他所处的环境和后天所受的教育是分不开的。同时，环境和教育之间也是息息相关的，在努力为孩子营造良好成长环境的同时，很多父母却忽视了环境变化对孩子的影响。如果环境改变了，教育仍在原地踏步，那无疑会影响孩子的快乐成长。上文故事中从农村到城市这一家庭环境的改变影响了孩子性格就是一个很好的例子。相对于丰盈的物质条件而言，孩子其实更期盼心灵上的关怀与慰藉，所以父母应该更注重孩子的心理教育。

当然，成长环境的改变不仅仅指家庭环境，孩子的成长也离不开社会这个大环境。如今，社会发展对人才的要求越来越高，越来越看重人的综合素质和创新能力。但是这个变化却被很多父母忽视了，他们仍旧沿用以前偏重智力发展的旧教育方法，单纯重视孩子的学习成绩，他们认为孩子学习成绩好，就能考个好大学，然后找个好工作，有个好前途。这就是如今很多父母的看法，显然他们的教育观念并没有明显改变，这就给孩子的持续发展带来了影响。如果孩子只是学习成绩好，缺乏创新和应变能力，无法适应企业需求，这对孩子的未来将是沉重的打击。所以，父母也应该适应大环境的需要，与时俱进，及时转变教育观念，从可持续发展的角度来关注孩子成长，注重培养孩子的综合素质。父母不应该只是将孩子培养成一台学习的机器，而要真正理解素质教育的内涵。

"爸爸，咱家也装一台电脑吧。"朋朋央求爸爸说。

"不行，你除了拿它玩游戏，还能干吗？你还小，等上了大学再买。"爸爸一口回绝了。

"不是的，爸爸，现在我们教室都装多媒体了，老师都用多媒体讲课，还给我们机会上台去讲，讲课都得用 word 文档、PPT 之类的，没有电脑我就无法做，也就没有机会上台了呀！"朋朋耐心地给爸爸解释。

"哦，是这样子。那你跟爸爸说说，什么是多媒体？"爸爸好奇地问。

"多媒体就是多种媒体的综合，就是计算机和视频技术的结合，通俗点儿说，就是把声音和图像结合在一起。"

"哦，爸爸落伍了。既然这样的话，爸爸就给你装一台，以后除了学习任务之外，每天给你一个小时上网时间，看新闻、玩游戏、查资料都行，你自己支配吧。"

"爸爸，您太开明了。谢谢您！"朋朋高兴地说。

在家用电脑普及的今天，电脑作为孩子新的学习工具进入了家庭，但是很多父母只知道沉溺于网络会影响孩子学习，于是千方百计限制孩子上网。针对这样的情况，父母就应该及时转变观念，重新认识和利用网络，合理教育和指导孩子使用网络，以适应孩子成长环境的变化。

专家谏言：

时代在变，社会在变，环境也在变。孩子的教育离不开与之共存的环境，开放多元的环境，无疑为孩子的教育提出了新课题和新挑战。面对孩子成长环境的深刻变化，父母应保持清醒，不仅要为孩子的成长提供一个适宜的环境，创建一个和谐的成长氛围，还应该与时俱进，积极调整教育方法，探索教育孩子的新思路。

家风不等于让孩子实现父母的希望

> 世上所有的父母都有一种真挚的愿望，就是想目睹本身不能成就的事业为儿子所完成，似乎他们想以此获得再生，并且好好应用前一辈子的经验。
>
> ——杜邦·纳姆洛

家长对孩子有所期望、有所要求是应该的，也是必要的。但重要的一点是，对孩子的要求标准要切合实际，要在孩子能接受和实现的范围之内。在此范围之内，标准可以适当提高，这样可以最大可能地调动孩子的积极性，最大限度地激起孩子的自信心。如果给孩子提出的要求标准过高而不切实际，那么势必会给孩子造成巨大的压力和难以克服的困难，长此以往，孩子的积极性和自信心将会受到严重伤害甚至打击，结果就适得其反了。

每个人的情况都是不同的。有些小孩很聪明但做事缺乏耐心，有些小孩做事有耐心但应变能力却相对较差一些。这种情况下，如果父母要求这个孩子必须两者兼顾，孩子必然难以做到。

李华生在一个令人羡慕的家庭里，他是家里的独生子。爸爸是某广告公司的副总，妈妈在市区的繁华地段有一家自己的服装专卖店，生意相当火爆，相对于其他孩子来说，李华想要什么，父母都会给他买，刚上初中的他就有了令同班同学羡慕的高档衣服、手机等，但是李华却一点儿也不快乐，整天一个人独来独往，一副心事重重的样子，从不与老师和其他同学交流。

后来，我们了解到，在家里，父母对李华的要求近乎苛刻。父母要求李华每次考试都必须在全班前五名，除了正常的学习外，李华每周末还要学习钢琴、绘画、国学、奥数等，几乎没有一点儿空余时间。此外，父母还总是向李华灌输要考上名牌大学，然后出国留学的目标。这些要求和期望压得李华透不过气来，他说："我只想和其他同学一样，能够有自己的时间，做一些自己喜欢的事。"但是这些原本普通的事情对李华来说却遥不可及。"其实，爸爸心里一直有个伤疤，就是原本可以出国留学的机会因为种种原因而没有成行，因此，爸爸一直以这个目标要求我。"李华说，"每次一想到父母对我的要求，我心里就发冷，我不知道我能不能完成父母的愿望。"

望子成龙是人之常情。施加压力也是教育子女的必要手段之一，但是，有些父母把孩子当成了实现自己理想的"工具"，一再施压只会导致孩子不堪重负，最后的结果也会适得其反。孩子的身心没有成年人想象中的那么坚强，期望过高只会让他们感到窒息。在重负下成长的孩子，渐渐失去了活泼的天性和对学习的兴趣，更有甚者会对生活丧失信心。

孩子心理出现问题的原因之一是父母的期望过高。重智轻德、重体轻心是家庭教育中普遍存在的问题。一味地强调知识学习和智力开发是众多家庭教育中父母的通病，这样的做法违背了教育的规律，违背了孩子身心成长的规律。换句话说，对孩子强加灌输知识，对技能训练强加培训，没有注意到孩子的心理承受能力，这样的做法和拔苗助长有什么区别呢？

在此给各位家长一点儿建议，不要强迫自己的孩子，切忌操之过急。这就好比刚播下的种子是不会在短时间内结出果实的，发展总会有个过程。家长怀着望子成龙的出发点是好的，但教育孩子一定要注意方式方法，正确健康地教育孩子，孩子才会茁壮成长。

专家谏言：

"逼子成龙"悲剧产生的原因是一些父母过于"关心"孩子——怕孩子在学习上竞争不过别人，因此采用了"迂回战术"，希望从其他方面为孩子增加一些竞争的"筹码"。但是，如果家长忽略了孩子本身的要求与能力，一味地逼迫孩子按照家长的意志去做，其结果必然是适得其反。

孩子有时也能成为父母的榜样

> 尊重孩子的人格，孩子便学会尊重他人。在家里，父母要从小就把孩子当作独立的社会人来养育。这样培育出来的孩子，走上社会便能够成为独立的社会人，并具有"后生可畏"的劲头。
>
> ——池田大作

人们常常说，父母是孩子的第一任老师。这话没错，孩子的成长离不开父母辛勤的栽培。可是当一向为长为师惯了的父母在孩子的指点下怯生生地开始上网、学会网购，当知识、经验丰富的父母被自己孩子的奇思妙想问得语塞时，父母是不是也从孩子身上学习到很多东西呢？所以，不但父母是孩子的老师，有时候，孩子也是父母的老师。

妈妈和小娟一块儿坐公交车去超市购物。由于车上人多，小娟被挤到了车门口，小娟的脚被门夹了一下，"啊"的一声喊了出来。

只见妈妈二话不说，冲驾驶座的司机就破口大骂道："你长眼睛干吗用的？你会不会开车？我女儿在那儿你关什么车门？"

满车的人一时都愣住了。司机连忙道歉："大姐，对不起啊，人太多，我一时也没看清楚，就关上了门，真是对不起！"

"对不起有什么用，你把我女儿脚夹坏了怎么办？"妈妈一点儿也不退让。

"我真不是故意的，监视器也模糊，不管孩子有什么问题，我都负责！"女司机接着退让。

周围的乘客也开始劝小娟妈妈："算了算了，领孩子去医院看看吧！"可是小娟妈妈依旧不依不饶。

　　这时，站在一旁的小娟说："对不起，您没有错，是我妈妈错了，我代表她向您认错。"说完，小娟向公交司机深深地鞠了一躬。听完这话，妈妈脸上露出一丝尴尬，而满车的人都对小娟投来了赞许的目光。

　　看到自己的孩子受伤，做父母的都会心疼，即便如此，舐犊之情也不能成为父母不文明行为的理由。小娟替妈妈道歉的举动，给妈妈以及所有的父母都上了一节关于原谅与宽容的课程。父母也会犯错，也要向孩子学习。

　　心理学研究表明，青少年和成人在接受新事物方面存在着差异，相对于成人来说，青少年对新事物的敏感性和接受能力较高，所以他们能够在较短时间内，熟练操作电脑、手机等各种高科技电子产品。在如今的信息化时代，许多家长的知识及动手能力可能会落后于子女。所以，在这方面父母要以孩子为老师，放下架子、收起面子，积极主动地向孩子学习，这样不仅是对孩子的认同和肯定，给孩子更加积极进取的动力，还让孩子更加愿意听从父母的教导，与父母积极沟通，促进亲子关系更加融洽。

　　孩子身上还有很多与时俱进的优秀品质，比如知足、乐观、乐于接受新事物和新思想等，如果父母留心观察，善于学习，就能够唤起自己的童真，活得更坦率，更简单快乐。

　　萧伯纳是英国著名的作家。有一次，他在苏联访问时，遇到一个可爱的小姑娘。萧伯纳非常喜欢这个孩子，就同她玩了很长时间。

　　"你知道我是谁吗？"萧伯纳问小姑娘，萧伯纳暗想："如果小姑娘知道自己与一位世界大文豪成为朋友，一定会惊喜万分的。"

　　"不知道。你是谁啊？"小姑娘好奇地问。

　　萧伯纳说："我是著名作家萧伯纳，你回去可以告诉你的妈妈，就说今天同你玩的是世界有名的萧伯纳。"

　　"可是，名人也这样自夸吗？请您回去后也告诉您的妈妈，就说今天同您玩的是一位苏联小姑娘。"

　　萧伯纳听了，不觉为之一震。他马上意识到自己刚才太自以为是了，不禁一时语塞。

　　后来，萧伯纳深有感触地说："一个人不论取得多大的成就，都应该保持谦虚的态度，这就是那位小姑娘教给我的，她也是我的老师！"

"人人都说小孩小，谁知人小心不小，你若小看小孩小，便比小孩还要小。"这是著名教育家陶行知的诗——《小孩不小歌》中的句子，孩子虽然小，但他们身上本真、坦荡、率性的宝贵品质是值得成人学习的。教育孩子这项工作任重而道远，但是如果父母也懂得以孩子为师，共同学习，共同成长，相信教育之路会走得更顺畅。

专家谏言：

父母可以从孩子身上学到很多东西。在生活中，父母应该放下为长为师的身段，以欣赏的眼光去发现孩子的智慧，毫不吝惜地去赞赏孩子的优点和长处，以谦虚的态度学习孩子身上优秀的品质。

　　《劝学》中说：“不积跬步，无以至千里；不积小流，无以成江海。”优良传统需要一点一滴地积累，而中华文化可以得到五千年的传承，依靠的是一代代人的言传身教。家风，就是在这样的传承中得以延续和发展的中华文化精髓。

　　《颜氏家训》中说：“笃学修行，不坠门风。”家风，可以通过对孩子日常生活和习性的循循教导，塑造孩子良好的品格，净化孩子的内心，让孩子能够树立正确的价值观、人生观。家风，就是一种无形的教育，是培养优良子女、传承家族文化最直接、最基础的教育。

　　随着社会的发展、时代的变迁，人们的思想观念也发生了变化。很多孩子在家里集万千宠爱于一身，家长连说教都不舍得，更别说把家风文化传承在他们身上。但这样也就造成了很多孩子唯我独尊的性格，等到将来长大再想改，为之晚矣。孔子曾说过：“少成若天性，习惯如自然。”有些行为方式，孩子在小时候如果不去教导，让他养成了习惯，那这种习惯会伴随其一生。

　　因此，家长必须意识到家风的重要性，要想孩子在未来有良好的品格和德行，从现在起，就要树立良好的家风。